普通高等院校"十四五"规划教材

机械加工工艺基础
Foundamentals of Machining Technology
第 2 版

刘云 许音 杨晶 编著

国防工业出版社

·北京·

内 容 简 介

本书主要介绍机械加工工艺基础知识。全书共8章,主要内容包括金属切削的基础知识、金属切削机床的基础知识、典型表面加工分析、零件的结构工艺性、机械加工工艺规程的制定、数控加工技术与数控机床、特种加工和机械加工选用金属材料。本书适用于经过金工实习实践教学后的教学过程。

本书可供普通高等工科院校以及高等职业技术学院机械类、材料类及近机械类师生使用。

图书在版编目(CIP)数据

机械加工工艺基础/刘云,许音,杨晶编著.—2版.—北京:国防工业出版社,2024.8重印
ISBN 978-7-118-12568-9

Ⅰ.①机… Ⅱ.①刘… ②许… ③杨… Ⅲ.①机械加工-工艺学 Ⅳ.①TG5

中国版本图书馆CIP数据核字(2022)第150058号

※

国防工业出版社出版发行
(北京市海淀区紫竹院南路23号 邮政编码100048)
北京虎彩文化传播有限公司印刷
新华书店经售

*

开本787×1092 1/16 印张10¼ 字数240千字
2024年8月第2版第3次印刷 印数1001—1500册 定价32.00元

(本书如有印装错误,我社负责调换)

国防书店:(010)88540777 发行邮购:(010)88540776
发行传真:(010)88540755 发行业务:(010)88540717

前　言

　　为贯彻教育部高等学校机械基础指导委员会关于《普通高等学校工程材料及机械制造基础系列课程教学基本要求》的精神,编者结合多年来从事教学工作的经验编写本教材。工程材料及机械制造基础是普通高等工科院校以及高等职业技术学院机械类、材料类及近机械类各专业学生必修的技术基础课程,本教材为该课程的教学用书。为了更好地理解本教材的内容,建议经过一段时间的金工实习后再开设本课程,这样才会使学生对本教材知识的理解更加深刻。本教材授课学时为32～40学时。

　　本书共八章;第一章主要介绍金属切削的基础知识;第二章从切削机床的类型与基本构造、机床的传动两个方面系统阐述金属切削机床的基础知识;第三章典型表面加工分析主要从拟定加工方案的基本原则、典型表面的加工路线及精密加工等方面进行阐述;第四章介绍了零件的结构工艺性;第五章系统介绍了制定机械加工工艺规程的相关内容;第六章介绍了数控加工技术、数控加工机床及数字化制造系统;第七章特种加工,包含电火花加工、电解加工、激光加工、超声波加工、电铸加工和化学蚀刻等内容;第八章主要介绍了机械加工选用的金属材料。本书每章节后都附带了复习思考题,方便读者强化章节内容、巩固所学知识。

　　本教材由刘云、许音、杨晶等编著。其中,第五、六、八章由刘云编写;第一、三章由许音编写;第二章由杨晶编写;第四章由张文达编写;第七章由李艳编写。本教材在编写的过程中,参考了一些国内同类教材编写的特点和内容,在此深表感谢。

　　本教材承武文革教授审阅,并提出许多宝贵意见,特致感谢。

　　限于作者学术水平,书中谬误和不妥之处,敬请读者批评指正。

编　者
2022 年 3 月

目 录

第一章 金属切削的基础知识 ························· 1
- 第一节 基本定义 ························· 1
- 第二节 刀具的几何参数 ······················· 3
- 第三节 刀具材料 ························· 6
- 第四节 金属的切削过程 ······················· 8
- 第五节 工件材料的切削加工性 ····················· 18
- 第六节 切削用量选择 ························ 22
- 复习思考题 ···························· 30

第二章 金属切削机床的基础知识 ······················· 32
- 第一节 切削机床的类型和基本构造 ··················· 32
- 第二节 机床的传动 ························· 35
- 复习思考题 ···························· 44

第三章 典型表面加工分析 ························· 45
- 第一节 拟定加工方案的基本原则 ···················· 45
- 第二节 典型表面的加工路线 ····················· 46
- 第三节 精密加工 ························· 48
- 复习思考题 ···························· 55

第四章 零件的结构工艺性 ························ 57
- 复习思考题 ···························· 60

第五章 机械加工工艺规程的制定 ······················ 62
- 第一节 机械加工工艺过程的基本概念 ·················· 62
- 第二节 零件的工艺分析 ······················· 66
- 第三节 毛坯的确定 ························· 67
- 第四节 定位基准的选择 ······················· 68
- 第五节 工艺路线的拟定 ······················· 75
- 第六节 工件的安装和夹具 ······················ 77
- 第七节 典型零件加工工艺实例 ···················· 80

复习思考题 ·· 91

第六章 数控加工技术与数控机床 ·· 95
第一节 数控加工技术 ·· 95
第二节 数控加工机床 ·· 102
第三节 数字化制造系统 ··· 105
复习思考题 ·· 109

第七章 特种加工 ·· 110
第一节 电火花加工 ··· 110
第二节 电解加工 ·· 113
第三节 激光加工 ·· 118
第四节 超声波加工 ··· 119
第五节 电铸加工 ·· 120
第六节 化学蚀刻 ·· 122
复习思考题 ·· 124

第八章 机械加工选用金属材料 ··· 125
第一节 金属材料的力学性能 ··· 125
第二节 铁碳合金 ·· 130
第三节 钢的热处理 ··· 141
第四节 工业用钢 ·· 146
第五节 铸铁 ··· 152
复习思考题 ·· 155

参考文献 ·· 157

第一章　金属切削的基础知识

金属切削加工是一种用硬度高于工件材料的刀具从工件表面层切去预留的金属,使工件获得设计要求的几何形状、尺寸精度、表面质量的零件加工过程。

切削加工主要分为两大部分:一部分是钳工;另一部分是机械加工。

钳工是工人手拿工具进行切削加工,如划线、锯、锉、研、钻孔和攻螺纹等。它主要用在零件装配成机器时,互相配合零件的修整、整台机器的组装、试车和调整或机器设备的维修等。

机械加工是工人操作机床对工件进行切削加工。例如车削、铣削、刨削、钻削、磨削及齿轮加工等。

金属零件的加工方法有很多,例如精密铸造、精密锻造、切削加工、电火花及化学加工等。现代的机床要求精度高,质量好,成本低,为此切削加工在零件加工中占有 80%～90% 的地位,所以研究切削加工过程有着重要意义。

金属切削过程是工件和刀具作用的过程,在这一过程中,刀具与工件要产生相对运动,过程中也会发生各种物理现象。本章主要阐明切削运动、刀具的几何角度、切削过程及金属的可加工性。

第一节　基 本 定 义

一、切削运动

切削时刀具和工件之间的相对运动称为切削运动。切削运动至少有两种运动,一种是主运动,另一种是进给运动。

(一) 主运动

在切削运动中切下切屑的最基本运动,称为主运动。这个运动的速度高,消耗的功率大。例如:车削加工时主轴带动工件的旋转运动;铣削时铣刀的旋转运动;钻削时钻头的旋转运动;磨削时砂轮的旋转运动;刨削时刀具的直线运动等。如图 1-1 及图 1-2 所示。

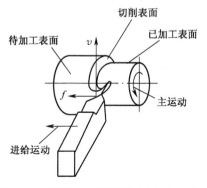

图 1-1　外圆车削的切削运动与加工表面

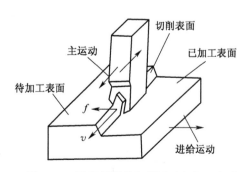

图 1-2　平面刨削的切削运动与加工表面

(二) 进给运动

使金属层连续投入切削，从而加工出完整表面的运动，称为进给运动。例如：车削外圆时车刀的连续纵向直线运动；铣削平面时工件的连续纵向直线运动；钻削时钻头垂直向下运动；刨削平面时工件的间隙横向直线运动等。进给运动形式可以是直线运动、旋转运动或是两种运动的组合。它消耗的功率比主运动小。

二、切削用量

切削用量是切削速度、进给量和背吃刀量三者的总称（有时把这三者称为切削三要素）。

(一) 切削速度 v

在单位时间内，工件（刀具）沿着主运动方向所运动的位移，称为切削速度，单位为 m/s 或 m/min。

当主运动为旋转运动时，刀具或工件最大直径处的切削速度为

$$v = \frac{\pi d n}{1000 \times 60}$$

式中　v——切削速度，m/s；
　　　d——完成主运动的刀具或工件的最大直径，mm；
　　　n——主运动的转速，r/min。

如果主运动为往复直线运动（刨削），则常以平均速度为切削速度，即

$$v = \frac{2Ln}{1000 \times 60}$$

式中　v——切削速度，m/s；
　　　L——往复运动行程长度，mm；
　　　n——主运动每分钟的往复次数，次/min。

(二) 进给量 f

工件（刀具）在一个工作循环（或单位时间内），即刀具（工件）相对工件（刀具）之间沿进给运动方向的相对位移称为进给量，其单位为 mm/r。例如：车削外圆时的进给量 f 是指工件每转一转时车刀相对工件在进给方向上的相对位移量，其单位为 mm/r；在牛头刨床上刨平面时，则进给量 f 是指刨刀每往复一次，工件在进给方向上相对于刨刀的位移量，其单位为 mm/双行程。

(三) 背吃刀量 a_p

工件上已加工表面和待加工表面间的垂直距离，称为背吃刀量，其单位为 mm；a_p 的大小直接影响主切削刃的工作长度，反映了切削负荷的大小。对于外圆车削来说，有

$$a_p = \frac{d_w - d_m}{2}$$

对于钻孔，有

$$a_p = \frac{d_m}{2}$$

式中　a_p——背吃刀量，mm；
　　　d_m——已加工表面直径，mm；
　　　d_w——待加工表面直径，mm。

三、切削层参数

各种切削加工中的切削层参数,可用典型的外圆纵车说明。如图1-3所示,在车外圆时,工件每转一转,车刀沿工件轴线移动一段距离,即进给量 f(mm/r)。这时,切削刃从切削表面移至表面Ⅰ的位置,于是Ⅰ、Ⅱ之间的一层金属被切掉。车刀正在切削的这层金属,就叫切削层。

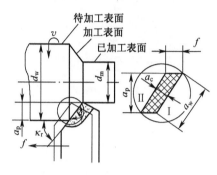

图1-3 车外圆的切削层参数

切削层的大小和形状直接决定了车刀切削部分所受负荷的大小及切下切屑的形状和尺寸,为此要度量切削层。度量切削层的参数有切削厚度、切削宽度和切削面积。

(一)切削厚度 a_c

垂直于加工表面来度量切削层尺寸,称为切削厚度。在车外圆时,若车刀主刀刃为直线,切削层截面的切削厚度(图1-3)为

$$a_c = f\sin\kappa_r$$

式中　a_c——切削厚度,mm;

　　　κ_r——刀具的主偏角。

(二)切削宽度 a_w

沿着切削表面度量的切削层尺寸,称为切削宽度。在车外圆时,当车刀主切削刃为直线时,外圆车削的切削宽度(图1-3)为

$$a_w = a_p/\sin\kappa_r$$

(三)切削面积 A_c

切削层在垂直切削速度截面内的面积,称为切削面积。车削时,有

$$A_c = a_c a_w = f a_p$$

式中　A_c——切削面积,mm²。

第二节　刀具的几何参数

刀具的种类很多,但它们的切削部分在几何上有很多共性。不论刀具构造如何复杂,它们的切削部分总是以外圆车刀切削部分为基本形态的。如图1-4所示,各种复杂刀具或多齿刀具,拿出一个齿,它的几何形状都相当于一把车刀的刀头。本节将以外圆车刀切削部分为例,给出刀具的几何参数。

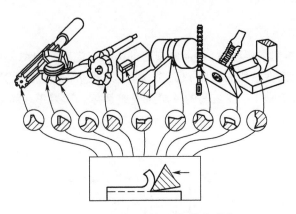

图 1-4　各种刀具切削部分的形状

一、车刀的组成

车刀是由刀头和刀杆两部分组成的。刀头是用来切削金属的,称为切削部分。刀杆是用来将车刀夹固在刀架上。

车刀的切削部分由前刀面、主后刀面、副后刀面、主切削刃、副切削刃、刀尖组成。一般简称三面、两刃、一尖。如图 1-5 所示。

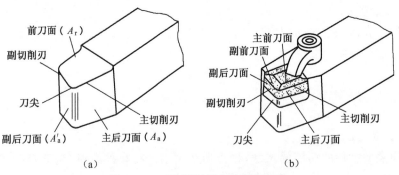

图 1-5　刀具切削部分的构造要素

前刀面——切屑脱离工件后,沿着刀具流出所经过的表面。

主后刀面——同工件的加工表面互相作用和对着的刀面。

副后刀面——同工件已加工表面相对的刀面。

主切削刃——前刀面与主后刀面的交线,它担负着主要的切削工作。

副切削刃——刀具的前刀面与副后刀面的交线,它协同主切削刃完成金属切除工作,以最终形成工件的已加工表面。

刀尖——主切削刃与副切削刃连接处的一段刀刃,它可以是小的直线段或圆弧。

二、确定刀具几何角度的参考表面

为了便于确定刀具的几何角度,需要建立几个辅助平面,如图 1-6 及图 1-7 所示。

(一) 切削平面

通过主切削刃上某一点,并与工件加工表面相切的平面,称为切削平面。

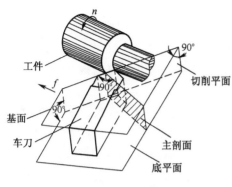

图 1-6 辅助平面

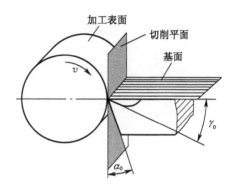

图 1-7 横车的基面和切削平面

（二）基面

通过主切削刃上某一点，并与该点的切削速度方向垂直的平面，称为基面。

（三）主剖面

通过主切削刃上某一点，并与主切削刃在基面上的投影垂直的平面，称为主剖面。

三、刀具的标注角度

刀具标注角度的内容包括两方面：一是确定刀具上刀刃位置的角度；二是确定前刀面和后刀面位置的角度。

图 1-6 中的外圆车刀向基面投影得到图 1-8，然后确定刀刃的位置角度。

（一）主偏角 κ_r

在基面上主切削刃与进给方向的夹角称为主偏角。

（二）副偏角 κ_r'

在基面上副切削刃与进给反方向的夹角称为副偏角。

图 1-7 中的切断刀向主剖面投影得到图 1-9，然后确定前、后刀面的角度。

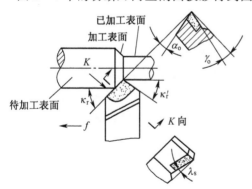

图 1-8 车刀的主要标注角度

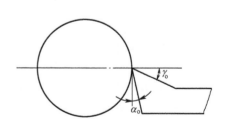

图 1-9 切断刀主要角度标注

（三）前角 γ_o

在主剖面内，刀具的前刀面与基面之间的夹角称为前角。它反映了前刀面的倾斜程度。

（四）后角 α_o

在主剖面内，刀具的主后刀面与切削平面之间的夹角称为后角。它反映了主后刀面的倾斜程度。

如果在图 1-8 中，垂直刀具在基面投影的主切削刃上取一点向下切，然后将刀具向主剖面投影，再将主剖面向上翻，则得到外圆车刀在主剖面的投影（图 1-8）。在主剖面内再度量前刀面与基面间的夹角即得前角，度量主后刀面与切削平面间的夹角即得后角。

（五）刃倾角 λ_s

在切削平面内，主切削刃与基面的夹角称为刃倾角。如图 1-8 中 K 向和图 1-10 所示。

例：弯头车刀刀头的几何形状如图 1-11 所示，分别说明车外圆、车端面（由外向中心进给）时的主切削刃、副切削刃、刀尖、前角 γ_o、主后角 α_o、主偏角 κ_r 和副偏角 κ_r'。

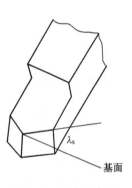

图 1-10　刃倾角标注

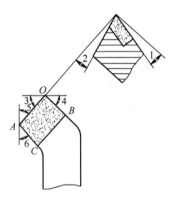

图 1-11　弯头车刀

解：车外圆时，车刀纵向运动，所以主切削刃为 OA，副切削刃为 OB，刀尖为 O。

根据前后角的定义，角 1 为前角 γ_o，角 2 为后角 α_o。根据主偏角、副偏角的定义，角 3 是主偏角 κ_r，角 4 为副偏角 κ_r'。

车端面时，车刀横向运动，所以主切削刃还是 OA，副切削刃是 AC，刀尖为 A，前角为角 1，后角为角 2，主偏角为角 5，副偏角为角 6。

第三节　刀　具　材　料

用刀具切削金属时，直接担负切削工作的是刀具的切削部分。刀具切削性能的好坏，取决于刀具切削部分的材料、切削部分的几何参数及刀具结构的选择和设计是否合理。切削加工生产率和刀具耐用度的高低，刀具消耗和加工成本的多少，加工精度和表面质量的优劣等，在很大程度上都取决于刀具的合理选择。

一、刀具材料应具备的性能

刀具在工作时，要承受很大的压力。同时，由于切削时金属要产生塑性变形以及刀具与工件、切屑间产生摩擦，会使刀具切削刃上产生很高的温度和受到很大的应力，在这样的条件下，刀具将迅速磨损或破裂。因此刀具材料应能满足下面一些要求：

（1）高的硬度和耐磨性。硬度是刀具材料应具备的基本特征。刀具要从工件上切下切屑，其硬度必须比工件材料的硬度大。切削金属所用刀具的切削刃的硬度一般要高于 60HRC。

耐磨性是材料抵抗磨损的能力。一般来说，刀具材料的硬度越高，耐磨性就越好。

(2) 足够的强度和韧性。要使刀具能承受很大压力，并在切削过程中通常会出现冲击和振动的条件下工作而不产生崩刃和折断，刀具材料就必须具有足够的强度和韧性。

(3) 高耐热性。高耐热性是指刀具材料在高温下保持硬度、耐磨性、强度和韧性的性能。切削过程要产生大量的切削热，使刀具在较高的温度下工作，所以刀具材料应具有较高的耐热性。

(4) 良好的工艺性。为了便于制造刀具，要求刀具材料具有良好的工艺性能，如锻造性能、热处理性能、磨削加工性能等。

(5) 经济性。

二、常用的刀具材料

(一) 碳素工具钢

这是一种含碳量较高的优质碳素钢，常用的含碳量（质量分数）在 0.7%～1.3%。这种材料的优点是硬度很高，淬火后硬度可达 60～65HRC，价格便宜，并可磨得很尖锐。但这种材料不能耐高温，在 200℃ 左右就可能失去原有的硬度，所以切削速度不能很高。另外淬火时容易产生裂纹和变形，所以不能用来制造复杂的刀具，只能制造切削速度不高的手动工具，例如锉刀、手工锯条等。常用的牌号有 T10、T12 等。

(二) 合金工具钢

在碳素工具钢中加入一定量的铬（Cr）、钨（W）、锰（Mn）等合金元素，可提高材料的耐热性、耐磨性和韧性，同时可以减少热处理时的变形。淬火后硬度可达 61～65HRC 以上，耐 350～400℃ 的高温，所以用来制造形状比较复杂、淬火时容易变形的刀具，如铰刀、板牙等。常用的牌号有 CrWMn、9SiCr 等。

(三) 高速钢

合金钢中钨和铬的含量较多时，就使得合金钢的耐热性能和耐磨性能大大提高。高速钢的成分若按质量分数计，$w_{Cr}≈4\%$，W 和 Mo 约占 $10\%～20\%$，$w_V>1\%$。用这种钢制造的刀具在切削速度方面可比用碳素钢制造的刀具提高 2～3 倍。高速钢的硬度，淬火后可达 62～65HRC，能耐 500～600℃ 的高温，又因在热处理时变形很小，所以一些较复杂的刀具多用高速钢制造。如车刀、铣刀、钻头及拉刀。常用牌号有 W18Cr4V、W6Mo5Cr4V2 等。

为提高高速钢的硬度和耐热性，可在高速钢中增添新的元素，如我国制成的铝高速钢，即增添了 Al 等元素。它的硬度可达 70HRC，耐热温度超过 600℃，牌号有 W6Mo5Cr4V2Al，又如低钴高速钢（W12Mo3Cr4V3Co5Si）是用减少 Co 增加 Si 的办法来获得高性能。

(四) 硬质合金

它是高硬度、难熔的金属碳化物（WC、TiC）微米数量级的粉末，用 Co、Mo、Ni 等作黏结剂烧结而成的粉末冶金制品。其中高温碳化物含量超过高速钢，允许切削温度可达 800～1000℃，允许的切削速度可达 100～300m/s，硬度为 89～93HRA。

硬质合金一般分为三大类：第一类由 WC 和 Co 组成的钨钴类（YG 类）；第二类是由 WC、TiC 和 Co 组成的钨钴钛类（YT 类）；第三类是由 WC、TaC（NbC）和 Co 组成的，具体的牌号有 YW1、YW2。

(1) YG 类。这类材料的抗弯强度和韧性较好，但与钢料摩擦时耐磨性较差。

铸铁及其他脆性材料在切削时,容易形成崩碎切屑,切削力集中在切削刃近旁的很小面积上,局部压力大,并具有一定的冲击性,所以宜选 YG 类。常用的牌号有 YG3、YG6、YG8 等。

(2) YT 类。切削普通钢料时,由于 WC-TiC-Co 合金与钢发生黏附的温度较高,且 WC-Co 合金耐磨性较差,故用 YT 类合金。常用牌号有 YT30、YT15、YT14 及 YT5 等。

(3) YW 类。在 YT 类中,添加少量碳化铌(NbC)或碳化钽(TaC),可提高韧性和抗黏附性,可以加工碳钢、合金钢、不锈钢、铸钢及非铁金属等,具体牌号有 YW1、YW2。

(五) 陶瓷

常用的刀具陶瓷有两种:纯 Al_2O_3 陶瓷及 Al_2O_3-TiC 混合陶瓷。

陶瓷有很高的硬度和耐磨性,硬度达 91~95HRA。有很高的耐热性,在 1200℃以上还能进行切削。切削速度可比硬质合金提高 2~5 倍。陶瓷的最大缺点是抗弯强度很低,冲击韧度很差。主要用于精加工、半精加工及加工高硬度、高强度钢及冷硬铸铁等材料。

现在,生产中还采用氮化硅(Si_3N_4)基陶瓷。Si_3N_4 的显微硬度为 5000HV,仅次于金刚石和立方氮化硼。牌号为 SM 的氮化硅陶瓷刀片的抗弯强度达 750~850MPa,高于 Al_2O_3 陶瓷,抗冲击性能也较好,适用于加工淬硬钢、冷硬铸铁及玻璃等材料。

(六) 立方氮化硼

立方氮化硼是由软的立方氮化硼在高温下加入催化剂转变而成。立方氮化硼刀具有两种:整体聚晶立方氮化硼刀具及立方氮化硼复合刀片。

立方氮化硼有很高的硬度及耐磨性,其显微硬度为 8000~9000HV,已接近金刚石的硬度。它的热稳定性比金刚石高得多,可达 1400℃,因此可用来加工高温合金。立方氮化硼的化学惰性很大,它和金刚石不一样,与铁族金属接触时,直至 1200~1300℃时也不易起化学作用,因此立方氮化硼刀具可用于加工淬硬钢和冷硬铸铁。

(七) 金刚石

金刚石刀具有三种:天然单晶金刚石刀具、整体造聚晶金刚石刀具及金刚石复合刀片。金刚石的切削刃非常锋利,刃部粗糙度值很小,可达 0.01~0.006μm,切削时不易产生积屑瘤,因此加工表面质量很好。加工非铁金属时,Ra 可小于 0.04~0.012μm,加工精度可达 IT5 以上。

金刚石刀具不适于加工钢铁材料,因为金刚石(C)与铁有很强的化学亲合力,在高温下铁原子容易与碳原子作用而使其转化为石墨结构,刀具极易损坏。

第四节 金属的切削过程

金属切削加工中各种物理现象,如切削力、切削热、刀具磨损以及表面质量变化等,都是以切屑形成过程为基础的,而生产中出现的许多问题,如积屑瘤、振动等都同切削过程中的变形规律有关。因此,我们要研究切削过程的一些基本现象,改善切削条件,从而提高工件的加工质量。

一、切削过程中金属的变形

(一) 切屑的形成

塑性金属的切削过程本质上是一种挤压过程。金属材料受到刀具的作用后,经过弹性变形、弹-塑性变形、挤压分离三个阶段沿刀具前刀面滑出形成切屑,如图 1-12 所示。

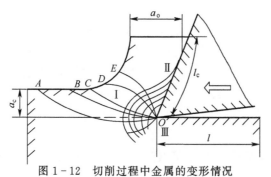

图 1-12 切削过程中金属的变形情况
Ⅰ—第一变形区;Ⅱ—第二变形区;Ⅲ—第三变形区。

切削开始,刀具推挤切削层金属,在 OA 以左切削层金属只发生弹性变形。在 OA 面上金属内部的应力增大到材料的屈服强度,因此在这个面上金属开始发生塑性变形,产生滑移现象。随着推挤力的增大,原来 OA 面的金属不断向刀具前刀面接近,同时应力和应变也逐渐增大。在 OE 面上,应力和应变达到最大值,当切应力超过工件材料强度极限时,金属层与工件分离形成切屑。

(二) 变形区的划分

1. 第一变形区

从 OA 线开始发生塑性变形,到 OE 线晶粒的剪切滑移基本完成,这一区域称为第一变形区(Ⅰ)。这个区的变形量最大,常用它说明切削过程的变形情况。

2. 第二变形区

切屑沿前刀面排出时进一步受到前刀面的挤压和摩擦,使靠近前刀面处金属纤维化,基本与前刀面平行,这部分称为第二变形区(Ⅱ)。

3. 第三变形区

已加工表面受到切削刃钝圆部分与后刀面的挤压和摩擦,产生变形与回弹,造成纤维化与加工硬化,这部分称为第三变形区(Ⅲ)。

(三) 切屑的种类

由于工件材料不同,切削过程中的变化情况也就不同,因此所产生的切屑种类也就多样。主要有以下 4 种类型,如图 1-13 所示。

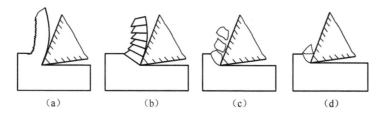

图 1-13 切屑类型
(a)带状切屑;(b)挤裂切屑;(c)单元切削;(d)崩碎切削。

1. 带状切屑

如图 1-13(a)所示,它的内表面是光滑的,外表面是毛茸的。加工塑性金属材料,当切削厚度较小、切削速度较高及刀具前角较大时,一般常常得到这类切屑。它的切削过程较平稳,切削力波动较小，已加工表面粗糙度值较小。

2. 挤裂切屑

如图 1-13(b)所示，这类切屑的外形与带状切屑不同之处是外表面呈锯齿形，内表面有时有裂纹。这类切屑之所以呈锯齿形，是由于它的第一变形区较宽，在剪切滑移过程中滑移量较大。由滑移变形所产生的加工硬化使剪切力增加，在局部地方达到材料的破裂强度。这种切屑大都在切削速度较低、切削厚度较大、刀具前角较小、中等硬度钢材粗加工时产生。它的切削过程不平稳，切削力波动较大，所以已加工表面的粗糙度值较大。

3. 单元切屑

如果在挤裂切屑的剪切面上，裂纹扩展到整个面上，则整个单元被切离，成为梯形的单元切屑，如图 1-13(c)所示。

以上 3 种切屑中，带状切屑的切削过程最平稳，单元切屑的切削力波动最大。在生产中最常见的是带状切屑，有时得到挤裂切屑，单元切屑很少见。如果改变挤裂切屑的切削条件，进一步减小前角，降低切削速度，或加大切削厚度，就可能得到单元切屑；反之，则可以得到带状切屑。这说明切屑的形态是随切削条件而变化的。掌握它的变化规律，既可以控制切屑的变形、形态和尺寸，又可达到断屑和卷屑的目的。

4. 崩碎切屑

这种切屑的形状不规则，加工表面凸凹不平。加工脆性金属材料时，材料的塑性很低，抗拉强度较低，刀具切入后，金属受刀具的挤压后产生弹性变形，几乎不经过塑性变形，就脱离工件形成不规则的碎状切屑。当材料越硬脆、刀具前角 γ_o 越小、切削厚度越大，就越容易产生这种切屑。这种切削过程易产生振动，工件表面质量较差。

金属在切削加工中，经过滑移变形形成的切屑，其外表比原来的切屑层短而厚，这种现象叫做切屑收缩，如图 1-14 所示。可用变形系数 ξ 来表示，即

$$\xi = \frac{l}{l_c} = \frac{a_o}{a_c}$$

一般情况下 $\xi > 1$。

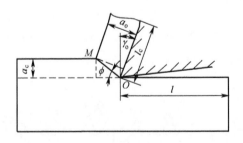

图 1-14 变形系数 ξ 求法

变形系数表示切屑变形的程度。它对切削温度、切削力和表面粗糙度值都有很大的影响。在其他条件不变的情况下 ξ 越大，产生的切削力也越大、表面粗糙度值也越大。

二、积屑瘤

在切削速度不高而又能形成连续性切屑的情况下，加工一般钢料或其他塑性材料时，常在

前刀面切削处粘着一块剖面呈三角状的硬块。它的硬度很高,通常是工件材料的2~3倍,处于比较稳定的状态时,能够代替刀刃进行切削。这块硬块金属称为积屑瘤,如图1-15所示。

(一) 积屑瘤的产生

在切削过程中,切屑底层与刀具的前刀面间产生强烈的摩擦,使切削区的温度升高。当达到一定温度,同时压力又较高时,会产生黏结现象,亦即一般所谓"冷焊"。这时切屑从黏在刀面的底层上流过,形成"内摩擦"。如果温度与压力适当,底层上面的金属因内摩擦而变形,也会发生加工硬化,而被阻滞在底层,粘成一体。这样黏结层就逐步长大,直到该处的温度与压力不足以造成黏附为止。所以积屑瘤的产生以及它的积聚高度与金属材料的硬化性质有关,也与前区的温度与压力分布有关。一般说来,塑性材料的加工硬化倾向越强,越易产生积屑瘤;温度与压力太低,不会产生积屑瘤;反之,温度太高,产生弱化作用,也不会产生积屑瘤。对于碳素钢来说,约在300~350℃时积屑瘤最高,到500℃以上时趋于消失。在背吃刀量和进给量保持一定时,积屑瘤高度与切削速度有密切关系,如图1-16所示。在低速范围Ⅰ区内不产生积屑瘤;在Ⅱ区内积屑瘤高度随切削速度增大而达最大值;在Ⅲ区内积屑瘤高度随切削速度增大而减小;在Ⅳ区积屑瘤不再生成。

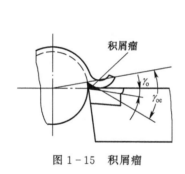

图1-15 积屑瘤

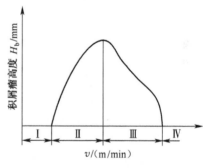

图1-16 积屑瘤高度与切削速度关系示意图

(二) 积屑瘤对切削过程的影响

(1) 实际前角增大。积屑瘤黏附在前刀面上,如图1-15所示,它加大了刀具的实际前角,可使切削力减小,对切削过程起积极作用。积屑瘤越高,实际前角越大。进行粗加工时可利用它。

(2) 增大切削厚度。积屑瘤使切削厚度增加了 Δa_c。由于积屑瘤的产生、成长与脱落是一个带有周期性的动态过程(例如每秒钟几十至几百次),Δa_c 值是变化的,因而有可能引起振动。

(3) 使加工表面粗糙度增大。积屑瘤的底部相对稳定一些,其顶部很不稳定,容易破裂,一部分黏附于切屑底部而排除,一部分留在加工表面上,积屑瘤凸出刀刃部分使加工表面非常粗糙,因此在精加工时必须设法避免或减小积屑瘤。

(4) 对刀具耐用度的影响。积屑瘤黏附在前刀面上,在相对稳定时,可代替刀刃切削,减少刀具磨损,提高耐用度。但在积屑瘤不稳定的情况下使用硬质合金刀具时,积屑瘤的破裂有可能使硬质合金刀具颗粒剥落,反而使磨损加剧。

防止积屑瘤的主要方法:①降低切削速度,使温度较低,黏结现象不易发生。②采用高速切削,使切削温度高于积屑瘤消失的相应温度。③采用润滑性能好的切削液,减小摩擦。④增加刀具前角,以减小切屑接触区压力。⑤提高工件材料硬度,减少加工硬化倾向。

三、切削力

(一) 切削力的来源

金属切削时,刀具切入工件,使被加工材料发生变形所需的力,称为切削力。切削力来源于3个方面:①克服被加工材料对弹性变形的抗力;②克服切屑对刀具前刀面的摩擦力和刀具后刀面对加工表面和已加工表面之间的摩擦力;③克服被加工材料对塑性变形的抗力。如图1-17所示。

(二) 切削合力及其分解

上述各力的总和形成作用在车刀上的合力 F。为了实际应用,F 可分为相互垂直的 F_x、F_y 和 F_z 三个分力,如图1-18所示。

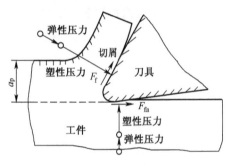

图1-17 切削力的来源

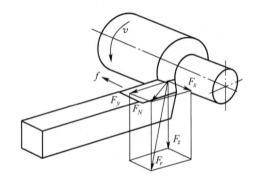

图1-18 切削合力和分力

(1) 主切削力 F_z。它垂直基面与切削速度方向一致,占总切削力的85%~90%,是计算机床动力的主要依据。它的作用是切下切屑,当 F_z 过大时,刀具会崩刃或使机床发生闷车。它是计算车刀强度、设计机床零件及确定机床功率所必需的参数。

(2) 轴向力 F_x(进给抗力)。它是处于基面内并与工件轴线平行且与走刀方向相反的力,占总切削力的1%~5%。F_x 是设计走刀机构、计算车刀进给功率所必需的参数。

(3) 径向力 F_y(切深抗力)。它是处于基面内并与工件轴线垂直的力。F_y 容易使工件产生挠度变形(特别是细长轴),易产生让刀现象,引起振动,影响加工精度,应设法减小。如车细长轴时,常用 $\kappa_r=90°$ 的偏刀,就是为了减小 F_y。

(三) 切削功率

消耗在切削过程中的功率称为切削功率(P_m)。切削功率为 F_z 和 F_x 所消耗功率之和,因为 F_y 方向没有位移,所以不消耗动力。

$$P_m = \left(F_z v + \frac{F_x n_w f}{1000}\right) \times 10^{-3}$$

式中　P_m——切削功率,kW;
　　　F_z——主切削力,N;
　　　v——切削速度,m/s;
　　　F_x——进给力,N;
　　　n_w——工件转速,r/s;

f——进给量，mm/r。

式中等号右侧的第二项是消耗在进给运动中的功率，它相对于 F_z 所消耗的功率来说，一般很小，可略去不计，于是

$$P_m \approx Fv \times 10^{-3}$$

按上式求得切削功率后，如果要计算机床电动机的功率以便选择机床电动机时，还应将切削功率除以机床的传动效率，即

$$P_E \geq \frac{P_m}{\eta_m}$$

式中　η_m——机床的传动效率。

（四）切削力的估算

切削力的大小可按经验公式来计算。经验公式可分为两类：一类是指数公式；另一类是单位切削力。

计算切削力的指数公式为

$$F_z = C_{p_z} a_p^{xF_z} f^{yF_z} k_{F_z}$$

式中　C_{p_z}——与工件材料、刀具材料有关的系数；

a_p——背吃刀量；

f——进给量；

k_{F_z}——切削条件不同时的修正系数；

xF_z、yF_z——指数，可查表（切削用量手册）。

例如：$\gamma_o = 15°$，$\kappa_r = 75°$ 的硬质合金车刀，车削结构钢件外圆时，$C_{p_z} = 1609$，$xF_z = 1$，$yF_z = 0.84$，从而可以看出 xF_z 比 yF_z 大，说明切削深度 a_p 对 F_z 的影响比进给量 f 对 F_z 的影响大。

用单位切削力 p 计算切削力为 　　　　$p = \dfrac{F_z}{A_c}$

则 　　　　　　　　　　　　　　　$F_z = pA_c = pa_p f$

式中　F_z——切削力，N；

A_c——切削面积，mm^2；

a_p——背吃刀量，mm；

f——进给量，mm；

p——单位切削力，可查表，N/mm^2。

（五）影响切削力的因素

（1）工件材料的影响。工件材料强度越高硬度越大，切削力就越大。如 45 钢的切削力大于 Q235A 的切削力；调质钢和淬火钢的切削力大于正火钢的切削力；1Cr18Ni9Ti 不锈钢的切削力大于 45 钢的切削力；铸铁、铜、铝合金的切削力小于钢料的切削力等。但切削力的大小不但受材料原始强度和硬度的影响，还受到材料的加工硬化能力大小的影响。如奥氏体不锈钢的强度、硬度都较低，但强化系数大，加工硬化的能力大，较小的变形就会使得硬度大大提高，从而使切削力增大。

（2）切削用量的影响。背吃刀量 a_p 增大，进给量 f 增大都会使切削面积 A 增大（$A = a_p f$），从而使变形力增加，摩擦力增大，切削力也随之增大。但 a_p 与 f 对 F_z 的影响大小不一样。a_p 对 F_z 的影响比 f 大。因此当切削面积不变时，加大进给量 f 比加大 a_p 有利于主

切削力 F_z 的减小。

(3) 切削速度 v 对切削力的影响。用 YT15 硬质合金车刀加工 45 钢时，切削速度对切削力的影响如图 1-19 所示。由图可见，F-v 关系曲线有极大值和极小值。当 $v<50\text{m/min}$ 时，由于积屑瘤的产生和消失，使车刀的实际前角增大和减小，导致切削力的变化。当 $v>50\text{m/min}$ 时，随着切削速度的增大，切削力减小。这是因为切削速度增大后，摩擦系数减小，使切削力减小。另一方面，切削速度增加，切削温度也增高，使被加工的金属强度和硬度降低，导致切削力降低。

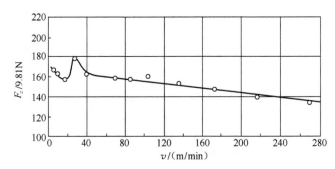

图 1-19 切削速度对切削力的影响

工件材料：45 钢（正火），HBS=187；
刀具结构：焊接平前刀面外圆车刀；刀片材料：YT15；
刀具几何参数：$\gamma_o=18°$，$\alpha_o=6°\sim8°$，$\alpha_o'=4\sim6$，$\kappa_r=75°$，$\kappa_r'=10°\sim12°$，
$\lambda_s=0°$，$b_{\gamma1}=0$，$\gamma_\sigma=0.2\text{mm}$；
切削用量：$a_p=3\text{mm}$，$f=0.25\text{mm/r}$。

(4) 刀具几何参数的影响。当前角增加时，金属的变形减小，主切削力减小。一般加工塑性较大的金属时，前角对切削力的影响比加工塑性较低的金属更明显。例如车刀前角 γ_o 每加大 1°，45 钢的主切削力 F_z 降低约 1%；紫铜的主切削力 F_z 降低 2%~3%。

当切削面积不变时，主偏角 κ_r 增大，切削厚度也随之增大，切屑变厚，切削层的变形减小，因而主切削力 F_z 减小。

(5) 刀具磨损的影响。当后刀面磨损后 $\alpha_o=0$ 时，作用在后刀面的法向力 F_{na} 与摩擦力 F_{fa} 都增加，所以切削力也增大。

(6) 刀具材料的影响。刀具材料不是影响切削的主要因素，但由于不同的刀具材料与工件材料之间的摩擦系数不同，故对切削力也有一定影响。如用 YT 类硬质合金刀具切削钢料比用高速钢刀具切削钢料时的切削力约降低 5%~10%。

(7) 切削液的影响。切削过程中采用切削液可以降低切削力。在切削过程中使用润滑作用强的切削油可以减小刀具与切屑、刀具与工件之间的摩擦。例如在车削中极压乳化液，比干切削时的切削力降低 10%~20%；攻螺纹时使用极压切削油，比使用常规攻螺纹用油时的扭矩降低 20%~30%。

四、切削热与切削温度

切削热是切削过程的重要物理现象之一。切削温度能改变前刀面上的摩擦系数，改变工件材料的性能，影响积屑瘤的大小，影响已加工表面质量的提高。

(一) 切削热的产生与传出

被切削的金属在刀具的作用下,发生塑性变形,这是产生切削热的一个重要原因。此外,切屑与前刀面、工件与后刀面之间的摩擦力,也是产生热的来源。因此切削时共有3个发热区域:剪切面、切屑与前刀面接触区、后刀面和加工表面的接触区,如图1-20所示。切削热的来源就是切屑变形功和前、后刀面的摩擦功。

如果忽略进给运动所消耗的功,并假定主运动所消耗的功全部转化为热能,则单位时间内产生的切削热可由下式计算:

$$Q = F_z v$$

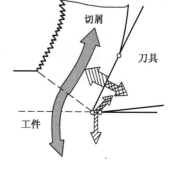

图1-20 切削热的来源

式中 Q——每秒钟内产生的切削热,J/s;
　　　F_z——主切削力,N;
　　　v——切削速度,m/s。

切削热由切屑、工件、刀具及周围的介质传导出去。由切屑带走的热,约占总热量的50%~86%;由工件传走的热,约占总热量的10%~40%,使工件温度升高,产生变形;由刀具传走的热,约占总热量的3%~9%,使刀具温度升高,加速刀具的磨损;由介质(如空气、切削液等)传走的热,约占总热量的1%。如车削加工时,50%~86%的热量由切屑带走,10%~40%的热量传入车刀,3%~9%的热量传入工件,1%左右的热量通过辐射传入空气。切削速度越大,则由切屑带走的热量越多。又如钻削加工时,28%的热量由切屑带走,14.5%的热量传入刀具,52.5%的热量传入工件,5%的热量传入周围介质。所以影响热传导的主要因素是工件和刀具的热导率、周围介质的状况及切削条件。

(二) 切削温度

切削温度一般指刀具前刀面与切屑接触区域的平均温度。由试验得到车削钢材的切削温度 θ 为

$$\theta = C_\theta v^{0.3} f^{0.15} a_p^{0.8}$$

式中 C_θ——切削温度公式的系数;
　　　v——切削速度;
　　　f——进给量;
　　　a_p——背吃刀量。

影响切削温度的主要因素:

(1) 切削用量对切削温度的影响。

① 切削速度 v:当切削速度提高时,切削温度也随着明显提高。因为当切屑沿着前刀面流出时,切屑底层与前刀面发生强烈的摩擦,所以产生很多热量。如果切削速度提高,则摩擦热在很短的时间内便生成,而切屑底层产生的切削热向切屑内部传导需要一定的时间。因此,提高切削速度的结果是,摩擦热来不及向切屑内部传导,大量积聚在切屑底层,从而使切削温度提高。另一方面,切削速度提高,单位时间内的金属切除量成正比例地增多,消耗的功增大,所以切削热也会增加。

② 进给量 f:随着进给量的增大,单位时间内的金属切除量增多,切削过程产生的切削热也增多,使切削温度上升。但切削温度随进给量增大而升高的幅度不如切削速度的影响大。

③ 背吃刀量 a_p：背吃刀量对切削温度影响很小。因为 a_p 增大后，切削区产生的热量虽然成正比地增加，但因切削刃参加工作的长度也成正比地增加，改善了散热条件，所以切削温度的升高不明显。

(2) 刀具几何参数对切削温度的影响。

① 前角 γ_o：当前角增大，产生的切削热减少，切削温度降低。

② 主偏角 κ_r：切削温度随着主偏角的增大而逐渐升高。因为主偏角增大后，切削刃的工作长度缩短，使切削热相对地集中，而且主偏角加大后，刀尖角减小，使散热条件变差，从而提高了切削温度。

(3) 刀具磨损对切削温度的影响。刀具磨损后切削刃变钝，刃区前方的挤压作用增大，使切削区金属的塑性变形增加；同时，磨损后的刀具后角基本为零，使工件与刀具的摩擦加大，两者均使产生的切削热增多。

(4) 工件材料对切削温度的影响。工件材料的硬度、强度越高，切削时所消耗的功越多，产生的切削热也越多，切削温度就越高。

(三) 切削液

在切削过程中，合理的选用切削液，可以改善金属切削过程的界面摩擦情况，减少刀具和切屑的黏结，抑制积屑瘤的生长，降低切削温度，减少工件热变形，保证加工精度，减小切削力，提高刀具耐用度和生产率。

(1) 切削液的作用和种类。切削液（也称冷却润滑液）主要通过冷却、润滑、清洗及防锈作用来改善切削过程。它可以带走大量的切削热，从而降低切削温度，提高刀具的耐磨性，减小工件的热变形。它还可以渗入到工件、刀具与切屑的接触表面，形成润滑，有效地减小摩擦。

常用的切削液有非水溶性和水溶性两大类。非水溶性切削液，主要是切削油，其中有各种矿物油（如全损耗系统用油、轻柴油、煤油等），动植物油（如豆油、猪油等）和加入油性、极压添加剂配成的混合油。它主要起润滑作用。

水溶性切削液主要有水溶液和乳化液。前者的主要成分为水，并加入防锈剂，也可以加入一定量的表面活性剂和油性添加剂，而使其有一定的润滑性能。后者是由矿物油、乳化剂及其他添加剂配制的乳化油和体积分数为 95%~98% 的水稀释而成的乳白色切削液。这类切削液有良好的冷却性能，清洗作用也很好。

(2) 切削液的选用。切削液的效果，除了取决于切削液本身的各种性能外，还取决于工件材料、加工方法和刀具材料等因素，应综合考虑，合理选用。

粗加工时，切削用量较大，产生大量的切削热，容易导致刀具迅速磨损。这时主要是要求降低切削温度，应选用冷却性能良好的切削液，如体积分数为 3%~5% 的乳化液。硬质合金刀具耐热性较好，一般不用切削液。

在进行较低速切削时，刀具以机械磨损为主，宜选用润滑性能良好的切削油；在进行较高速切削时，刀具主要是热磨损，要求切削液有良好的冷却性能，宜选用离子型切削液和乳化液。

精加工时，切削液的主要作用是减小工件表面粗糙度和提高加工精度。

对一般钢件进行加工时，切削液应具有良好的渗透性、润滑性和一定的冷却性。在较低速度（60~30m/min）时，为减小刀具与工件间的摩擦和黏结，抑制积屑瘤，以减小加工表面粗糙度，宜选用极压切削油或体积分数为 10%~12% 的极压乳化液或离子型切削液。

精加工铜及其合金、铝或铸铁时,主要是要求达到较小的表面粗糙度值,可选用离子型切削液或质量分数为10%~12%的乳化液。此时,采用煤油作切削液,是对能源的极大浪费,应尽量避免。还应注意,硫会腐蚀铜,所以切铜时不宜用含硫的切削液。

加工材料中含有铬、镍、钼、锰、钛、钒、铝、铌及钨等元素时,往往难于切削加工。这类材料的加工均处于高温高压边界润滑摩擦状态。因此,宜选用极压切削油或极压乳化液。但必须注意,如果所用切削液与金属形成的化合物强度超过金属本身强度,它将带来相反的效果。例如铝的强度低,就不宜用硫化切削油。

磨削加工的特点是温度高,会产生大量的细屑和砂末等,影响加工质量。因而,磨削液应有较好的冷却性和清洗性,并应有一定的润滑性和防锈性。

一般进行磨削加工时常用乳化液。但选用离子型切削液效果更好,而且价格也较便宜。

五、刀具的磨损与耐用度

切削金属时,刀具一方面切下切屑,另一方面刀具本身也要磨损。刀具磨损后,使工件加工精度降低,表面粗糙度值增大,并导致切削力和切削温度增加,甚至产生振动,不能继续正常切削。因此,刀具磨损直接影响加工效率、质量和成本。

(一) 刀具磨损形式

前刀面磨损。在切削速度较高、切削厚度较大的情况下加工塑性金属时,切削使刀具的前刀面上磨出一个月牙洼,如图1-21(a)所示。在前刀面上相应于产生月牙洼的地方,其切削温度最高,因此磨损也最大,形成一个凹窝(月牙洼)。在磨损过程中,月牙洼逐渐向切削刃方向扩展,切削刃的强度大大削弱,可能导致崩刃。为避免因切削刃强度太差而崩刃,应经常用油石背刀。

后刀面磨损。在切削脆性材料或以较低的切削速度和较小的切削厚度切削塑性金属时,磨损部位在切削刃附近及后刀面。因切屑薄或与前刀面接触少,所以对前刀面的压力和摩擦力都不大,温度较低;后刀面刃口圆钝,加工时发生严重挤压,使后刀面磨损加剧,如图1-21(b)所示。

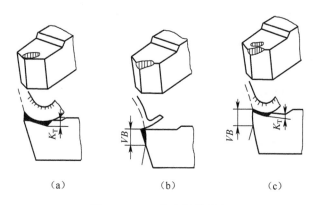

(a) (b) (c)

图1-21 刀具磨损的形式
(a)前刀面磨损;(b)后刀面磨损;(c)前刀面与后刀面同时磨损。

前后刀面同时磨损。用较高的切削速度和较大的切削厚度切削塑性材料时,摩擦和切削热同时对刀具前后刀面产生作用,常发生后刀面、前刀面同时磨损的形式,如图1-21(c)所示。

(二) 刀具磨损的过程

(1) 初期磨损阶断,如图 1-22 所示的曲线 AB 段,这一阶段的磨损较快。这是因为切削刃上应力集中,后刀面上很快被磨出一个窄的面。这样就使压强减小,磨损速度稳定下来。初期磨损量的大小和刀具的刃磨质量有很大的关系,通常在 (0.05~0.1mm) 左右。因此要注意提高刀具的刃磨质量。

(2) 正常磨损阶段。如图 1-22 所示的曲线 BC 段,在这一阶段里,磨损宽度随时间增长而均匀地增加。这个阶段是刀具的有效工作期间。刀具在使用时不应超过这一阶段范围。

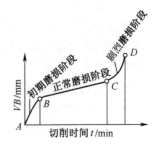

图 1-22 刀具磨损过程

(3) 剧烈磨损阶段。如图 1-22 所示曲线的 CD 段。这是由于刀具变钝,切削力增大,温度升高,磨损原因发生了质的变化,使磨损强度大大加剧,磨损急剧加快,当刀具失去正常的切削能力就应该磨刀。

(三) 刀具的耐用度

如果刀具超过剧烈磨损阶段继续使用,就会发生冒火花、振动、功率上升、工件质量恶化及崩刃等情况。为此,根据加工情况,规定一个最大的磨损质量为磨钝标准,但在实际使用时,经常测量很不方便。因此,用刀具的耐用度来衡量。

刀具的耐用度是指由刃磨开始切削,一直到磨损达到刀具磨钝标准所经过的总切削时间。当工件、刀具材料和刀具几何形状选定之后,切削速度是影响刀具耐用度的主要因素。提高切削速度,耐用度就降低。这是由于切削速度对切削温度影响最大,因而对刀具磨损影响最大。其次是进给量,而背吃刀量的影响最小。

通用机床刀具的耐用度大致是:硬质合金焊接车刀的耐用度约为 60min;高速钢钻头的耐用度为 80~120min;硬质合金铣刀的耐用度为 120~180min;齿轮刀具的耐用度为 200~300min。

刀具耐用度的选择与生产率及成本有直接关系。过高的刀具耐用度会限制切削用量的提高,从而影响生产率;过低的耐用度增加了刀具安装及磨刀的辅助时间,同时刀具材料消耗大,也会使生产率降低,生产成本提高。一般情况应该按加工成本最低的原则选刀具耐用度。

第五节 工件材料的切削加工性

一、材料的切削加工性

材料的切削加工性是指材料切削加工的难易程度。一般说,好的切削加工性是指刀具的耐用度较高、切削力较小、切削温度较低、加工表面质量易于保证、生产率较高及易断屑等。由于切削加工的具体情况不同,所以切削加工的难易程度要根据具体情况来看。粗加工时,能获得较高的生产率、较高的刀具耐用度、较小的切削力,则切削加工性就好。精加工时,能获得较高的表面质量及刀具耐用度,可加工性就好。对于某种材料加工的难易,也要视具体的加工要求及切削条件而定。例如,纯铁粗加工切除余量很容易,精加工获得较低的表面粗糙度值 Ra 则比较困难;不锈钢在普通机床上加工并不困难,而在自动化生产条件下,断屑困难,则属于难加工材料。所以,对于同一种材料来说,加工时很难保证它同时满足较高的刀具耐用度、较低的切削力、较低的切削温度、较高的生产率、较高的表面质量及易断屑等条件。由此可见,很难找到一个简单的物理量来精确地衡量某种材料的切削加工性。因此,在生产和实验研究中,常常只取某一项指标,来反映材料切削加工性的某一侧面,例如以 v_t 作为材料的切削加工性指标。

二、常用的切削加工性指标

最常用的切削加工性的指标为 v_t,它的含义是:当刀具耐用度为 t(min 或 s)时,切削某种材料所允许的切削速度。v_t 越高,则材料的可加工性越好。一般情况下,可取耐用度 $t=60$min,对于一些难切削材料,可取 $t=30$min 或取 $t=15$min。对机夹可转位的刀具,耐用度 t 可以取得更小一些。如果取 $t=60$min,则 v_t 写成 v_{60}。

相对加工性,如果以强度 $\sigma_b=735$MPa 的 45 钢的 v_{60} 作为基准,写作 (v_{60});其他被切削的工件材料的 v_{60} 与之相比,则相对加工性为

$$k_v = v_{60}/(v_{60})$$

各种材料的相对加工性 k_v 乘以 45 钢的切削速度,即可得出切削各种材料的切削速度。

常用工件材料,按相对加工性可分为 8 级,如表 1-1 所列。

表 1-1 材料切削加工性等级

加工性等级	名称及种类		相对加工性 k_v	代 表 性 材 料
1	很容易切削材料	一般非铁金属	>3.0	铝硅合金,铜铝合金 铝镁合金
2	容易切削材料	易削钢	2.5~3.0	退火 15Cr $\sigma_b=0.372\sim0.441$GPa($38\sim45$kgf/mm²) 自动机钢 $\sigma_b=0.392\sim0.490$GPa($40\sim50$kgf/mm²)
3		较易削钢	1.6~2.5	正火 30 钢 $\sigma_b=0.441\sim0.549$GPa($45\sim56$kgf/mm²)
4	普通材料	一般钢及铸铁	1.0~1.6	45 钢,灰铸铁,结构钢
5		稍难切削材料	0.65~1.0	2Cr13 调质 $\sigma_b=0.8288$GPa(85kgf/mm²) 85 钢轧制 $\sigma_b=0.8829$GPa(90kgf/mm²)
6	难切削材料	较难切削材料	0.5~0.65	45Cr 调质 $\sigma_b=1.03$GPa(105kgf/mm²) 60Mn 调质 $\sigma_b=0.9319\sim0.981$GPa($95\sim100$kgf/mm²)
7		难切削材料	0.15~0.5	50CrV 调质,1Cr18Ni9Ti 未淬火 α 相钛合金
8		很难切削材料	<0.15	β 相钛合金,镍基高温合金

相对加工性 k_v 实际上反映了不同材料对刀具磨损的影响程度,k_v 越大,表示切削该材料时刀具磨损越慢,耐用度越高。

三、工件材料的物理、力学性能对切削加工性的影响

(一) 硬度对切削加工性的影响

工件材料硬度越高,加工性就越差。因为材料硬度越高,切屑与刀具前刀面的接触长度减

小,因此前刀面上法向应力增大,摩擦热量集中在切屑与刀具前刀面接触较小的面上,热量集中,促使切削温度增高,刀具磨损加剧,甚至崩刃。

对于含碳量(质量分数)为 0.2% 的碳素钢(115HBS)、中碳镍钼合金钢(190HBS)、淬火及回火后的中碳镍铬钼合金钢(300HBS)、淬火及回火的中碳镍铬钼高强钢(400HBS)进行 k_v 关系的切削试验,得到的曲线如图 1-23 所示。

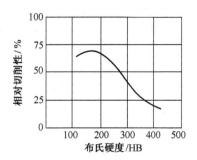

图 1-23 各种硬度工件材料的 k_v 关系

当金属材料中硬质点越多、形状越尖锐、分布越广,则材料的加工性越差。因为金属中的高碳化物(如 TiC)和非金属夹杂物(如 Al_2O_3)等对刀具表面有机械擦伤作用,加速刀具磨损,使刀具耐用度降低。

此外,材料的加工硬化性越严重,则切削加工性越差。例如,奥氏体不锈钢经切削加工后的表面硬度比原始表面高 1.4~2.2 倍。这是不锈钢比较难加工的重要原因之一。

(二) 工件材料强度对切削加工性的影响

工件材料强度越高,切削力就越大,切削时消耗的功也就越多,切削温度也随之越高,刀具也就越容易磨损。因此,在一般情况下,切削加工性随工件材料的强度升高而下降。

由切削力实验可知,3 种硬度接近的铸铁,其单位切削力随着抗拉强度升高而提高,如表 1-2 所列。

从表 1-2 可知,3 种硬度相近的铸铁中,抗拉强度越高的切削力也越大,则材料的切削加工性就越差。

表 1-2 灰铸铁、可锻铸铁、球墨铸铁抗拉强度与单位切削力

工件材料	热处理状态	牌 号	实测硬度/HBS	抗拉强度		单位切削力	
				σ_b/GPa (kg/mm^2)	与灰铸铁抗拉强度的比值	当 $f=0.3$ 时的 p/GPa (kg/mm^2)	与灰铸铁单位切削力的比值
灰铸铁	退火	HT200	170	0.196 (20)	1	1.12 (114)	1
可锻铸铁		KTH300-06	170	0.294 (30)	1.5	1.34 (137)	1.2
球墨铸铁		QT450-10	170~207	0.441 (45)	2.25	1.41 (144)	1.26

(三) 工件材料的塑性对切削加工性的影响

切削强度相同的材料,当材料的塑性较大时,相对应的切削力也较大,切削温度也较高,刀具容易产生黏结和扩散磨损。因此,当刀具磨损较大,且塑性材料在比较低的切削速度下切削时,易产生积屑瘤,使已加工表面较粗糙。同时,切削塑性大的材料,断屑比较困难。可见材料塑性越大,切削加工性就越差。

但材料的塑性太低时,切屑与前刀面的接触长度缩短,切削力、切削热都集中在刀刃附

近,使刀具磨损加快。由此可知,塑性过大或过小都使切削加工性下降。

材料韧性对切削加工性的影响与塑性相似。韧性对断屑的影响比较明显,在其他条件相同时,材料的韧性越高,断屑越困难。

(四)工件材料热导率对切削加工性的影响

在切削过程中,刀具前刀面与切屑间摩擦所产生的热,分别向切屑顶部及刀具传导,刀具后刀面与工件间的摩擦所产生的热,分别向切屑及工件内传导。如果单位时间产生的热量相等时,热导率高的材料就会把较多的热量向切屑及工件内传导,因而摩擦面上的温度会低些,反之,热导率低的材料切削温度就高些,刀具磨损快。所以,一般情况下,热导率高的材料,切削加工性比较好;而热导率低的材料,切削加工性较差。

(五)化学成分对切削加工性的影响

钢中的化学成分对钢的切削加工性影响如图1-24所示。其中铬、镍、钼、钨、锰等元素都能提高钢的强度;Si 和 Al 等元素容易形成氧化铝和氧化硅等硬质点,从而使刀具磨损加快,这些元素含量较低时(一般低于 0.3% 时),对切削加工性的影响不大,当其含量大于 0.3% 时,会影响钢的切削加工性。

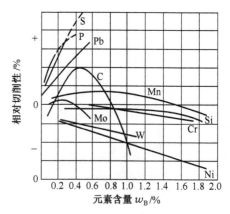

图1-24 各元素对结构钢切削加工性的影响
+表示切削加工性改善;
-表示切削加工性变差。

当在钢中加入少量的硫、硒、铅、铋、磷等元素时,能降低钢的塑性,从而提高切削加工性,但是能使钢的强度略降。例如硫与锰可形成 MnS,硫与铁可形成 FeS,而 MnS、FeS 质地很软,在切削加工时,可以成为塑性变形区的应力集中源,降低切削力,使切屑易折断,减少积屑瘤的形成,使已加工表面的粗糙度减小,减小刀具磨损。磷能降低铁素体的塑性,使切屑易折断。

铸铁中的化学成分对切削加工性的影响,主要取决于对石墨化程度的影响。凡能促进石墨化的元素都能提高铸铁的切削加工性,如硅、铝、镍、铜、钛等。这是因为石墨的硬度很低,润滑性能好,使刀具的磨损慢,提高了刀具的耐用度。而渗碳体的硬度高,会加剧刀具的磨损,如加铬、锰、钼、硫等元素时会降低材料的切削加工性。

四、改善工件材料的切削加工性

材料加工的难易程度,不是一成不变的。在生产中,常常采用热处理的方法来改善材料的组织,从而改善材料的切削加工性。例如:

(1)低碳钢。它的塑性好、韧性大、加工时切屑分离困难,使刀具热量增高,降低了刀具耐用度,使得工件表面粗糙。可通过冷拔或正火,来降低塑性、提高硬度,以改善可加工性。

(2)热轧中碳钢。它的组织不均匀,表面有硬皮,可以采用正火使组织与硬度均匀,有利于加工。

(3)高碳钢、工具钢。它们的硬度偏高,且有较多的网状、片状渗碳体组织,加工校验,可经球化退火,得到球状渗碳体,使硬度降低,以改善加工性。

(4) 马氏体不锈钢。它的韧性大,断屑困难,通过调质处理,可改善切削加工性。

(5) 白口铸铁。可以经过高温石墨化退火,消除白口组织,来改善可加工性。

(6) 灰铸铁。对它进行切削前退火,能降低表层硬度、消除内应力、以提高可加工性。

另外,材料的可加工性能还可通过调整化学成分加以改善。如在钢中添加适量的硫和铅,可提高刀具的耐用度,使切削力减小,容易断屑,表面质量好。在铜合金中加入适量的铅,铝合金中加入适量的锌和镁,都能改善可加工性。

第六节 切削用量选择

正确地选择切削用量,对提高切削效率,改善工件加工表面的质量,提高刀具的耐用度有着重要的意义。

一、金属切除率

对于粗加工,要尽可能保证较高的单位时间金属切除量(金属切除率)和必要的刀具耐用度。在车削加工中,单位时间内的金属切除量可用以下公式计算:

$$Z_w \approx 1000 v f a_p$$

式中 Z_w——单位时间内的金属切除量,mm/s;

v——切削速度,m/s;

f——进给量,mm/r;

a_p——背吃刀量,mm。

提高切削速度、增大进给量和背吃刀量,都能提高金属切除率。但是,这3个因素中,影响刀具耐用度最大的是切削速度,其次是进给量,影响最小的则是背吃刀量。所以在选择粗加工用量时,应优先考虑采用大的背吃刀量,其次考虑采用大的进给量,最后再根据刀具耐用度的要求选定合理的切削速度。

二、背吃刀量的选择

背吃刀量根据加工余量确定。

切削加工一般分为粗加工、半精加工和精加工。粗加工(表面粗糙度 Ra 为 $80\sim20\mu m$)时,一次走刀应尽可能切除全部余量,在中等功率机床上,背吃刀量可达 $8\sim10mm$。半精加工(表面粗糙度 Ra 为 $15\sim10\mu m$)时,背吃刀量取 $0.5\sim2mm$。精加工(表面粗糙度 Ra 为 $2.5\sim1.25\mu m$)时,背吃刀量取为 $0.1\sim0.4mm$。

下列情况下,粗车要分几次走刀。

(1) 加工余量太大,一次走刀会使切削力太大、刀具崩刃或机床功率不足。

(2) 工艺系统刚度较差时,容易引起振动,降低加工质量,特别是加工细长轴时或薄壁工件。

(3) 断续切削,刀具会受到很大冲击造成打刀时。

以上情况,如需分两次走刀,第一次背吃刀量应取大些,第二次走刀背吃刀量取小些(可取加工余量的 $1/3\sim1/4$),为精加工奠定良好的基础。

在用硬质合金刀具、陶瓷刀具、金刚石刀具精车或镗孔时,背吃刀量可取为 $a_p=0.05\sim$

0.2mm，$f=0.01\sim0.1$mm/r，$v=240\sim900$m/min；这时表面粗糙度 Ra 值可达 $0.32\sim0.1\mu m$。精度达 IT5(孔 IT6)可代替磨削。

三、进给量的选择

粗加工时，对工件的表面质量要求不高，为提高生产率，应该选较大的进给量，但要受到工艺系统性能的限制。如机床进给机构的强度、硬质合金刀片的强度、工件的装夹刚度等。

精加工时，进给量受工件表面质量的限制。

在实际生产过程中，进给量常常根据经验来选取。粗加工时，根据工件材料、工件尺寸、车刀刀杆尺寸及已定的背吃刀量按表 1-3 来选择进给量。这里已考虑了切削力的大小、刀杆的强度及工件的刚度等因素。例如，当刀杆尺寸增大，工件直径增大时，可以选择较大的进给量。当背吃刀量增大时，由于切削力增大，故应选择较小的进给量。加工铸铁时的切削力较加工钢时为小，故加工铸铁可选较大的进给量。

表 1-3 硬质合金车刀粗车外圆及端面的进给量

工件材料	车刀刀杆尺寸 $(B\times H)$/ $(mm\times mm)$	工件直径 D/mm	背吃刀量 a_p/mm ≤3	>3~5	>5~8	>8~12	>12
			进给量 f/(mm/r)				
碳素结构钢、合金结构钢及耐热钢	16×25	20	0.3~0.4	—	—	—	—
		40	0.4~0.5	0.3~0.4	—	—	—
		60	0.5~0.7	0.4~0.6	0.3~0.5	—	—
		100	0.6~0.9	0.5~0.7	0.5~0.6	0.4~0.5	—
		400	0.8~1.2	0.7~1.0	0.6~0.8	0.5~0.6	—
	20×30 25×25	20	0.3~0.4	—	—	—	—
		40	0.4~0.5	0.3~0.4	—	—	—
		60	0.6~0.7	0.5~0.7	0.4~0.6	—	—
		100	0.8~1.0	0.7~0.9	0.5~0.7	0.4~0.7	—
		400	1.2~1.4	1.0~1.2	0.8~1.0	0.6~0.9	0.4~0.6
铸铁及铜合金	16×25	40	0.4~0.5	—	—	—	—
		60	0.6~0.8	0.5~0.8	0.4~0.6	—	—
		100	0.8~1.2	0.7~1.0	0.6~0.8	0.5~0.7	—
		400	1.0~1.4	1.0~1.2	0.8~1.0	0.6~0.9	—
	20×30 25×25	40	0.4~0.5	—	—	—	—
		60	0.6~0.9	0.5~0.8	0.4~0.7	—	—
		100	0.9~1.3	0.8~1.2	0.7~1.0	0.5~0.8	—
		400	1.2~1.8	1.2~1.6	1.0~1.3	0.9~1.1	0.7~0.9

注：1. 加工断续表面及有冲击的工件时，表内进给量应乘系数 $k=0.75\sim0.85$；
2. 在无外皮加工时，表内进给量应乘系数 $k=1.1$；
3. 加工耐热钢及其合金时，进给量不大于 1mm/r；
4. 加工淬硬钢时，进给量应减小。当钢的硬度为 44~56HRC 时，乘系数 0.8；当钢的硬度为 57~62HRC 时，乘系数 0.5。

在半精加工和精加工时，则按表面粗糙度要求，根据工件材料、刀尖圆弧半径、切削速度按表 1-4 来选择进给量。这里已考虑了几个主要因素对加工表面粗糙度的影响。当刀尖圆弧半径增大，切削速度提高时，可以选择较大的进给量。

表 1-4 按表面粗糙度选择进给量的参考值

工件材料	表面粗糙度 $Ra/\mu m$	切削速度范围 $v/(m/min)$	刀尖圆弧半径 r_ε/mm		
			0.5	1.0	2.0
			进给量 $f/(mm/r)$		
铸铁、青铜、铝合金	6.3	不限	0.25~0.40	0.40~0.50	0.50~0.60
	3.2		0.15~0.25	0.25~0.40	0.40~0.60
	1.6		0.10~0.15	0.15~0.20	0.20~0.35
碳钢及合金钢	6.3	<50	0.30~0.50	0.45~0.60	0.55~0.70
		>50	0.40~0.55	0.55~0.65	0.65~0.70
	3.2	<50	0.18~0.25	0.25~0.30	0.3~0.40
		>50	0.25~0.30	0.30~0.35	0.35~0.50
	1.6	<50	0.10	0.11~0.15	0.15~0.22
		50~100	0.11~0.16	0.16~0.25	0.25~0.35
		>100	0.16~0.20	0.20~0.25	0.25~0.35

加工耐热合金及钛合金时进给量的修正系数($v>50m/min$)

工件材料	修正系数
Cr20Ni77Ti2Al,Cr20Ni77TiAlB,Cr14Ni70WMoTiAl(GH37)	1.0
1Cr13,2Cr13,3Cr13,4Cr13,4Cr14Ni14W2Mo,Cr20Ni78Ti,2Cr23Ni18,1Cr21Ni5Ti	0.9
1Cr12Ni2WMoV,30CrNi2MoVA,25Cr2MoVA,4Cr12Ni8Mn8MoVNb,Cr9Ni62Mo10W5Co5Al5,1Cr18Ni11Si4TiAl,1Cr15Ni35W3TiAl	0.8
1Cr11Ni20Ti3B,Cr12Ni22Ti3MoB	0.7
Cr19Ni9Ti,1Cr18Ni9Ti	0.6
1Cr17Ni2,3Cr14NiVBA,18Cr3MoWV	0.5

注:$r_\varepsilon=0.5mm$ 用于 12mm×20mm 以下刀杆,$r_\varepsilon=1mm$ 用于 30mm×30mm 以下刀杆,$r_\varepsilon=20mm$ 用于 30mm×45mm 及以上刀杆。

四、切削速度的确定

根据已定的背吃刀量 a_p、进给量 f、刀具耐用度 T 等按公式计算切削速度。在生产实际中,经常根据背吃刀量 a_p、进给量 f、工件材料、刀具材料等参数查表获得切削速度。表1-5可作为选择切削速度的参考。由表可知:

(1) 粗车时,背吃刀量和进给量较大,故切削速度取得较低些;精车时,背吃刀量、进给量都较小,所以切削速度选得较高些。

(2) 加工材料的强度及硬度较高时,应选较低的切削速度;反之则选择较高的切削速度。材料的加工性越差,例如加工奥氏体不锈钢、钛合金和高温合金时,则切削速度也选得较低。易切碳钢的切削速度比同等硬度的普通碳钢的切削速度选得要高。加工铸铁的切削速度比碳钢的要低,加工铝合金、铜合金的切削速度比钢要高得多。

表 1-5 车削加工的切削速度参考数值

加工材料		硬度/HBS	背吃刀量 a_p/(mm)	高速钢刀具		硬质合金刀具					陶瓷(超硬材料)刀具		说明
				v/(m/min)	f/(mm/r)	未涂层 v/(m/min)		涂层 f/(mm/r)	材料	涂层 v/(m/min)	f/(mm/r)	v/(m/min)	f/(mm/r)
						焊接式	可转位						
易切碳钢	低碳	100~200	1	55~90	0.18~0.2	185~240	220~275	0.18	YT15	320~410	0.18	550~700	0.13	
			4	41~70	0.40	135~185	160~215	0.50	YT14	215~275	0.40	425~580	0.25	
			8	34~55	0.50	110~145	130~170	0.75	YT5	170~220	0.50	335~490	0.40	
	中碳	175~225	1	52	0.20	165	200	0.18	YT15	305	0.18	520	0.13	
			4	40	0.40	125	150	0.50	YT14	200	0.40	395	0.25	
			8	30	0.50	100	120	0.75	YT5	160	0.50	305	0.450	
碳钢	低碳	125~225	1	43~46	0.18	140~150	170~195	0.18	YT15	260~290	0.18	520~580	0.13	切削条件较好时可用冷压 Al_2O_3 陶瓷,切削条件较差时宜用 Al_2O_3+TiC 热压混合陶瓷
			4	34~38	0.40	115~125	135~150	0.50	YT14	170~190	0.40	365~425	0.25	
			8	27~30	0.50	88~180	105~120	0.75	YT5	135~150	0.50	275~365	0.40	
	中碳	175~275	1	34~40	0.18	115~130	150~160	0.18	YT15	220~240	0.18	460~520	0.13	
			4	23~30	0.40	90~100	115~125	0.50	YT14	145~160	0.40	290~350	0.25	
			8	20~26	0.50	70~78	90~100	0.75	YT5	115~125	0.50	200~260	0.40	
	高碳	175~275	1	30~37	0.18	115~130	140~155	0.18	YT15	215~230	0.18	460~520	0.13	
			4	24~27	0.40	88~95	105~120	0.50	YT14	145~150	0.40	275~335	0.25	
			8	18~21	0.50	69~76	84~95	0.75	YT5	115~120	0.50	185~245	0.40	
合金钢	低碳	125~225	1	41~46	0.18	135~150	170~185	0.18	YT15	220~235	0.18	520~580	0.13	
			4	32~37	0.40	105~120	135~145	0.40~0.50	YT14	175~190	0.40	365~395	0.25	
			8	24~27	0.50	84~95	105~115	0.50~0.75	YT5	135~145	0.50	275~335	0.40	
	中碳	175~225	1	34~41	0.18	105~115	130~150	0.18	YT15	175~200	0.18	460~520	0.13	
			4	26~32	0.40	85~90	105~120	0.50	YT14	135~160	0.40	280~360	0.25	
			8	20~24	0.50	67~73	82~95	0.75	YT5	84~120	0.50	220~265	0.40	
	高碳	175~225	1	30~37	0.18	105~115	135~145	0.18	YT15	175~190	0.18	460~520	0.13	
			4	24~27	0.40	84~90	105~115	0.50	YT14	135~150	0.40	275~335	0.25	
			8	18~21	0.50	66~72	82~90	0.75	YT5	105~120	0.50	215~245	0.40	

续表

加工材料	硬度/HBS	背吃刀量 a_p/(mm)	高速钢刀具 v/(m/min)	高速钢刀具 f/(mm/r)	硬质合金刀具 未涂层 v/(m/min) 焊接式	未涂层 可转位	f/(mm/r)	材料	涂层 v/(m/min)	涂层 f/(mm/r)	陶瓷(超硬材料)刀具 v/(m/min)	f/(mm/r)	说 明
高强度钢	225~350	1	20~26	0.18	90~105	115~135	0.18	YT15	150~185	0.18	380~440	0.13	HBS>300 时宜用 W12Cr4V-5Co5 及 W12Mo-9Cr4VCo8
		4	15~20	0.40	69~84	90~105	0.40	YT14	120~135	0.40	205~265	0.25	
		8	12~15	0.50	53~66	69~84	0.50	YT5	90~105	0.50	145~205	0.40	
高速钢	200~275	1	15~24	0.13~0.18	76~105	85~125	0.18	YW1,YT15	115~160	0.18	420~460	0.13	加工 W12Cr-4V5Co5 等高速钢时应用 W12Cr4V5Co5 及 W2Mo9Cr4VCo8
		4	12~20	0.25~0.40	60~84	69~100	0.40	YW2,YT14	90~130	0.40	250~275	0.25	
		8	9~15	0.4~0.5	46~64	53~76	0.50	YW3,YT5	69~100	0.50	190~215	0.40	
不锈钢 奥氏体	135~275	1	18~34	0.18	58~105	67~120	0.18	YG3X,YW1	84~160	0.18	275~425	0.13	
		4	15~27	0.40	49~100	58~105	0.40	YG6,YW1	76~135	0.40	150~275	0.25	
		8	12~21	0.50	38~76	46~84	0.50	YG6,YW1	60~105	0.50	90~185	0.40	
不锈钢 马氏体	175~325	1	20~44	0.18	87~140	95~175	0.18	YW1,YT15	120~260	0.18	350~490	0.13	HBS>225 时宜用 W12Cr4V5Co5 及 W2M-o9Cr4VCo8
		4	15~35	0.40	69~115	75~135	0.40	YW1,YT15	100~170	0.40	185~335	0.25	
		8	12~27	0.50	55~90	58~105	0.50~0.75	YW2,YT14	76~135	0.50	120~245	0.40	
灰铸铁	160~260	1	26~43	0.18	84~135	100~165	0.18~0.25	YG8,YW2	130~190	0.18	395~550	0.13~0.25	HBS>190 时宜用 W12Cr4V-5Co5 及 W2Mo-9Cr4VCo8
		4	17~27	0.40	69~110	81~125	0.40~0.50		105~160	0.40	245~365	0.25~0.40	
		8	14~23	0.50	60~90	66~100	0.50~0.75		84~130	0.50	185~275	0.40~0.50	

第一章 金属切削的基础知识

续表

加工材料	硬度/HBS	背吃刀量 a_p/(mm)	高速钢刀具		硬质合金刀具						陶瓷(超硬材料)刀具		说明
			v/(m/min)	f/(mm/r)	未涂层				涂层		v/(m/min)	f/(mm/r)	
					v/(m/min)		f/(mm/r)	材料	v/(m/min)	f/(mm/r)			
					焊接式	可转位							
可锻铸铁	160~240	1	30~40	0.18	120~160	135~185	0.25	YT15,YW1	185~235	0.25	305~365	0.13~0.25	
		4	23~30	0.40	90~120	105~135	0.50	YT15,YW1	135~185	0.40	230~290	0.25~0.40	
		8	18~24	0.50	76~100	85~115	0.75	YT14,YW2	105~145	0.50	150~230	0.40~0.50	
铝合金	30~150	1	245~305	0.18	550~610	max	0.25	YG30,YW1	—	—	365~915	0.075~0.15	切深 0.13~0.40
		4	215~275	0.40	425~550		0.50	YG6,YW1	—	—	245~760	0.15~0.30	0.40~1.25
		8	185~245	0.50	305~365		1.0	YG6,YW1	—	—	150~460	0.30~0.50	1.25~3.2 金刚石刀具
铜合金		1	40~175	0.18	84~345	90~395	0.18	YG30,YW1	—	—	305~1460	0.075~0.15	切深 0.13~0.40
		4	34~145	0.40	69~290	76~335	0.50	YG6,YW1	—	—	150~855	0.15~0.30	0.40~1.25
		8	27~120	0.50	64~270	70~305	0.75	YG8,YW2	—	—	90~550	0.3~0.50	1.25~3.2 金刚石刀具
钛合金	300~350	1	12~24	0.13	38~66	49~76	0.13	YG30,YW1	—	—	—	—	高速钢采用 W12Cr4V5Co5
		4	9~21	0.25	32~56	41~66	0.20	YG6,YW1	—	—	—	—	及 W2Mo9Cr4-VCo8
		8	8~18	0.40	24~43	26~49	0.25	YG8,YW2	—	—	—	—	
高温合金	200~475	0.8	3.6~14	0.13	12~49	14~58	0.13	YG30,YW1	—	—	185	0.075	立方氮化硼刀具
		2.5	3.0~11	0.18	9~41	12~49	0.18	YG6,YW1	—	—	135	0.13	

(3) 刀具材料的切削性能越好时,切削速度也选得越高。表中硬质合金刀具的切削速度比高速钢刀具要高好几倍,而有涂层的硬质合金刀具的切削速度又比未涂层的刀片明显提高。显然,陶瓷、金刚石刀具的切削速度比硬质合金刀具高得多。

另外,选择切削速度时还应考虑:
(1) 精加工时,应尽量避免积屑瘤和鳞刺产生的区域。
(2) 断续切削时,为减小冲击和热应力,应适当降低切削速度。
(3) 加工大件、细长件和薄壁件时,应选较低的切削速度。
(4) 加工带外皮的工件时,应适当降低切削速度。

五、机床功率校验

切削功率 P_m 可按下列公式计算:

$$P_m = \frac{F_z v}{60 \times 102 \times 10}$$

式中　P_m——切削功率,kW;
　　　F_z——主切削力,N;
　　　v——切削速度,m/min。

机床有效功率 P'_E 为

$$P'_E = \eta_m P_E$$

式中　P_E——机床电动机功率;
　　　η_m——机床传动效率。

如果 $P_m < P'_E$,则选择的切削用量可在指定的机床上使用。如 $P_m \ll P'_E$,则机床功率没有得到充分利用,这时可以规定较低的刀具耐用度(如采用机夹可转位刀片的合理耐用度可选为 15~30min),或采用切削性能更好的刀具材料,以提高切削速度的办法使切削功率增大,充分利用机床功率、提高生产率。

如 $P_m > P'_E$,所选择的切削用量不能在指定机床上采用。这时可调换功率较大的机床,或降低切削用量。

六、提高切削用量的方法

(1) 采用切削性能好的刀具材料。如采用超硬高速钢,含有添加剂的新型硬质合金,新型陶瓷(如 Al_2O_3、TiC 及其他添加剂的混合陶瓷)等。采用耐热性和耐磨性高的刀具材料,是提高切削用量的主要途径。

(2) 改进刀具结构和刀具几何参数。例如,采用可转位刀片的车刀可比焊接式硬质合金车刀切削速度提高 15%~30%。

(3) 提高刀具刃磨质量,使切削刃更锋利,刀面更光洁,从而减少切削过程的变形和摩擦,提高刀具的耐用度。例如,硬质合金车刀采用金刚石砂轮代替碳化硅砂轮刃磨,耐用度能提高 50%~100%。

(4) 采用性能优良的新型切削液,改善切削过程中的冷却和润滑条件,可提高刀具的耐用度和切削用量。例如,采用极压乳化液、极压切削油以及喷雾冷却等,都能有效地提高刀具的耐用度或切削用量。

七、选择切削用量的实例

工件材料:45 钢(正火),$\sigma_b=600\text{MPa}(61\text{kg/mm}^2)$,锻件;工件尺寸:如图 1-25 所示。

加工要求:表面粗糙度 $Ra3.2\mu\text{m}$,精度 IT9;机床:C620-1 卧式车床;刀具:机夹外圆车刀,刀片材料 YT15;刀杆尺寸 $16\text{mm}\times25\text{mm}$;几何参数 $\gamma_0=15°$,$\alpha_0=6°$,$\kappa_r=75°$,$\kappa_r'=15°$,$\lambda_s=0°$,$r_\varepsilon=0.5\text{mm}$;选择方法:因表面粗糙度值 Ra 和尺寸精度有一定要求,故分粗车、半精车两道工序。

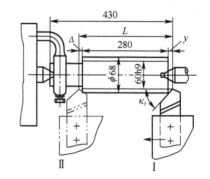

图 1-25 工件尺寸图

(一) 粗车

(1) 选择背吃刀量。如图 1-25 所示,单边总余量为 4mm。粗车工序中取 $a_p=3\text{mm}$,余下 1mm 留给半精车工序解决。

(2) 选择进给量。考虑刀杆尺寸、工件直径及已定的背吃刀量,从表 1-3 中,选用 $f=0.6\text{mm/r}$。

(3) 选择切削速度。考虑工件材料(45 钢为中碳钢)、热处理状态(正火接近于热轧)及已定的背吃刀量和进给量,从表 1-5 中,选用 $v=110\text{m/min}(1.83\text{m/s})$。

采用这样的切削速度时,可保证刀具耐用度约为 $3600\sim5400\text{s}(60\sim90\text{min})$。

(4) 确定机床主轴的转速。机床主轴转速 n 的计算值为

$$n=\frac{1000v}{\pi d}=\frac{1000\times 1.83}{3.14\times 68}=8.57\text{r/s}(514\text{r/min})$$

从机床主轴箱标牌上查得,实际的主轴转速取 $8\text{r/s}(480\text{r/min})$,故实际的切削速度为

$$v=\frac{\pi dn}{1000}=\frac{\pi\times 68\times 8}{1000}=1.71\text{m/s}(103\text{m/min})$$

(5) 校验机床功率。由切削用量手册查得,单位切削功率 $P_s=32.7\times 10^{-6}\text{kW}$,$f=0.6\text{mm/r}$ 时,$k_{F_z}=0.9$,故切削功率为

$$\begin{aligned}P_m&=P_s v a_p f k_{F_z}\times 1000\\&=32.7\times 10^{-6}\times 103\times 3\times 0.6\times 1000\times 0.9\\&=5.46\text{kW}\end{aligned}$$

而从机床说明书可知,C620-1 车床的电动机功率 $P_E=7.8\text{kW}$。取传动效率 $\eta_m=0.8$,则

$$P_m/\eta_m=5.46/0.8=6.83\text{kW}<P_E$$

所以机床功率是够用的。

(二) 半精车

(1) 选择背吃刀量。$a_p=1\text{mm}$。

(2) 选择进给量。因要求表面粗糙度 $Ra=3.2\mu\text{m}$,$\kappa_r=15°$,$r_\varepsilon=0.5\text{mm}$,$v=1.71\text{m/s}$,从表 1-4 中选用 $f=0.3\text{mm/r}(150\text{m/min})$。

(3) 选择切削速度。考虑工件材料及已选择的背吃刀量和进给量,从表 1-5 中,选用 $v=2.5\text{m/s}(150\text{m/min})$。

(4) 确定机床主轴转速。机床主轴的转速 n 计算值为

$$n = \frac{1000 \times 2.5}{3.14 \times (68-6)} = 12.8 \text{r/s}(768 \text{r/min})$$

从机床主轴箱标牌上查得,实际的主轴转速取为 12.75r/s(765r/min)。

故实际的切削速度为

$$v = \frac{\pi \times (68-6) \times 12.75}{1000} = 2.48 \text{m/s}(149 \text{m/min})$$

复习思考题

1. 何谓切削用量(名称、定义、代号、单位)。
2. 刀具材料应具备哪些基本要求?
3. 高速钢和硬质合金在性能上有何主要区别,各适合做何种刀具?
4. 试分析积屑瘤形成的原因及对切削加工的影响。
5. 在一般情况下,YG 类硬质合金适于加工铸铁,YT 类硬质合金适于加工钢件。但在粗加工铸钢件毛坯时,却选用 YG6 类硬质合金,为什么?
6. 车削时各切削分力对切削加工有什么影响?
7. 割刀如图 1-26 所示,试标出三辅平面和刀具的几何角度 γ_o、α_o、κ_r、κ_r'。

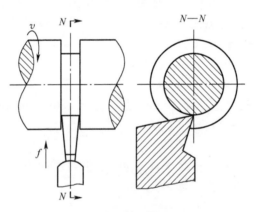

图 1-26 割刀

8. 如图 1-27 所示的四图,切削面积均相等,试比较:

(1) 当背吃刀量 a_p、进给量 f 改变时(图 1-27(a)、(b)),主切削力和切削温度有何变化?

(2) 当主偏角 κ_r 改变时(图 1-27(b)、(c)、(d)),主切削力和切削温度(或刀具耐用度)有何变化?

9. 切削热对切削加工有何影响?切削加工中常用降低切削温度的措施是什么?
10. 衡量工件材料的切削加工性的指标是什么?怎样改善材料的切削加工性?
11. 车削 35 钢轴($\sigma_b=530$MPa),毛坯直径 $D=120$mm,一次进给车成直径 $d=100$mm,工件转速 $n=70$r/min,车刀每分钟移动 56mm,试根据经验公式

$$F = C_{P_z} \cdot a_p^{xF_z} \cdot f^{yF_z} \text{ 及 } F_z:F_y:F_x = 1.0:0.4:0.5$$

求出 F_z、F_y、及 F_x(式中取 $C_{P_z}=171$,$xF_z=1.0$,$yF_z=0.78$)。

第一章 金属切削的基础知识

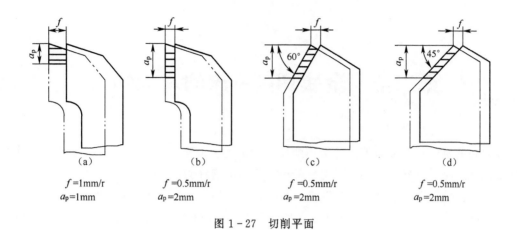

图 1-27 切削平面

第二章 金属切削机床的基础知识

金属切削机床是对金属工件进行切削加工的机器。由于它是用来制造机器的,也是唯一能制造机床自身的机器,故又称为"工作母机",习惯上简称为机床。

机床是机械制造业的基本加工装备,它的品种、性能、质量和技术水平直接影响着其他机电产品的性能、质量、生产技术和企业的经济效益。机械工业为国民经济各部门提供技术装备的能力和水平,在很大程度上取决于机床的水平,所以机床属于基础机械装备。

实际生产中需要加工的工件种类繁多,其形状、结构、尺寸、精度、表面质量和数量等各不相同。为了满足不同加工的需要,机床的品种和规格也应多种多样。尽管机床的品种很多,各有特点,但它们在结构、传动及自动化等方面有许多类似之处,也有着共同的原理及规律。

第一节 切削机床的类型和基本构造

一、切削机床的类型

机床种类繁多,为了便于设计、制造、使用和管理,需要进行适当的分类。

按加工方式、加工对象或主要用途可分为12大类,即车床、钻床、镗床、磨床、齿轮加工机床、螺纹加工机床、铣床、刨插床、拉床、特种加工机床、锯床和其他机床等。在每一类机床中,又按工艺范围、布局形式和结构分为若干组,每一组又细分为若干系列。国家制定的机床型号编制方法就是依据此分类方法进行编制的。

按加工工件大小和机床质量,可分为仪表机床、中小机床、大型机床(10~30t)、重型机床(30~100t)和超重型机床(100t以上)。

按机床通过程度,可分为通用机床、专门化机床和专用机床。

按加工精度(指相对精度),可分为普通精度级机床、精密级机床和高精度级机床。

随着机床的发展,其分类方法也在不断发展。因为现代机床正向数控化方向转变,所以常被分为数控机床和非数控机床(传统机床)。数控机床的功能日趋多样化,工序更加集中。例如数控车床在卧式车床的基础上,集中了转塔车床、仿形车床、自动车床等多种车床的功能;车削加工中心在数控车床功能的基础上,又加入了钻、铣、镗等多种机床功能。

还有其他一些分类方法,这里不再一一列举。

为了简明地表示出机床的名称、主要规格和特性,以便读者对机床有一个清晰的概念,需要对每种机床赋予一定的型号。关于我国机床型号现行的编制方法,可参阅国家标准GB/T 15375—1994《金属切削机床型号编制方法》。需要说明的是,对于已经定型,并按过去机床型号编制方法确定型号的机床,其型号不改变,故有些机床仍用原型号。

二、机床的基本构造

在各类机床中,车床、钻床、刨床、铣床和磨床是5种最基本的机床,图2-1～图2-5分别为这5种机床的外形图。

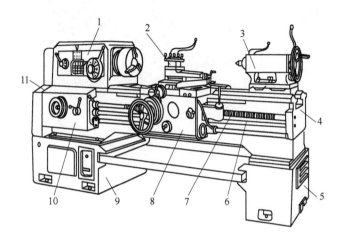

(a) 卧式车床

1—主轴箱;2—刀架;3—尾架;4—床身;5、9—床腿;
6—光杠;7—丝杠;8—溜板箱;10—进给箱;11—挂轮架。

(b) 立式车床

1—底座(主轴箱);2—工作台;3—方刀架;4—转塔;
5—横梁;6—垂直刀架;7—垂直刀架进给箱;8—立柱;
9—侧刀架;10—侧刀架进给箱。

图 2-1 车床

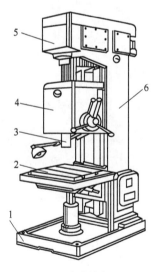
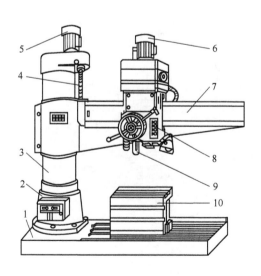

(a) 立式钻床

1—底座;2—工作台;3—主轴;
4—进给箱;5—变速箱;6—立柱。

(b) 摇臂钻床

1—底座;2—外立柱;3—内立柱;4—丝杠;
5、6—电动机;7—摇臂;8—主轴箱;9—主轴;10—工作台。

图 2-2 钻床

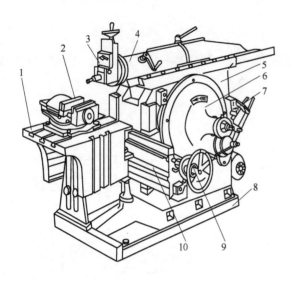 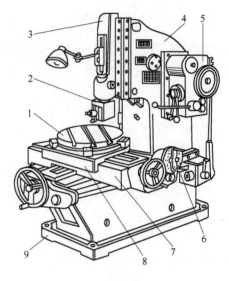

(a) 牛头刨床

1—工作台；2—平口虎钳；3—刀架；4—滑枕；
5—床身；6—摆杆机构；7—变速机构；8—底座；
9—进刀机构；10—横梁。

(b) 插床

1—圆形工作台；2—刀架；3—滑枕；4—立柱；
5—变速机构；6—分度盘；7—下滑座；
8—上滑座；9—底座。

图 2-3 刨床类机床

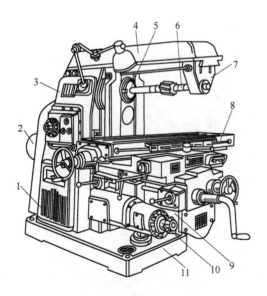 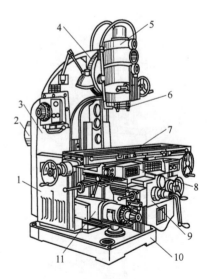

(a) 卧式铣床

1—床身；2—主电动机；3—主轴箱；4—横梁；
5—主轴；6—铣刀心轴；7—刀杆支架；8—工作台；
9—垂直升降台；10—进给箱；11—底座。

(b) 立式铣床

1—床身；2—主电动机；3—主轴箱；
4—主轴头架旋转刻度盘；5—主轴头；
6—主轴；7—工作台；8—横向滑座；
9—垂直升降台；10—底座；11—进给箱。

图 2-4 铣床

第二章　金属切削机床的基础知识

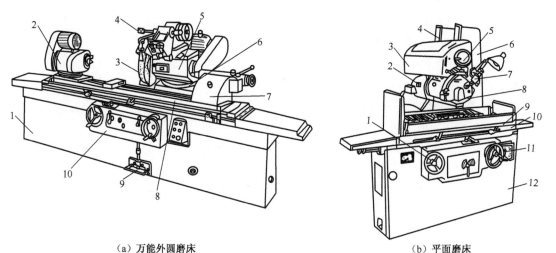

(a) 万能外圆磨床
1—床身；2—头架；3、4—砂轮；5—磨头；6—滑鞍；
7—尾架；8—工作台；9—脚踏操纵板；10—液压控制箱。

(b) 平面磨床
1—工作台纵向进给手轮；2—磨头；3—拖板；4—导轨；
5—横向进给手轮；6—立柱；7—砂轮修整器；8—砂轮；
9—行程挡块；10—工作台；11—垂直进给手轮；12—床身。

图 2-5　磨床

如图 2-1～图 2-5 所示，尽管这些机床的外形、布局和构造各不相同，但归纳起来，它们都是由如下几个主要部分组成的。

（1）主传动部件。用来实现机床的主运动，例如车床、摇臂钻床、铣床的主轴箱，立式钻床、刨床的变速箱和磨床的磨头等。

（2）进给传动部件。主要用来实现机床的进给运动，也用来实现机床的调整、退刀及快速运动等，例如车床的进给箱、溜板箱，钻床、铣床的进给箱，刨床的进给机构，磨床的液压传动装置等。

（3）工件安装装置。用来安装工件，例如卧式车床的卡盘和尾架，钻床、刨床、铣床和平面磨床的工作台等。

（4）刀具安装装置。用来安装刀具，例如车床、刨床的刀架，钻床、立式铣床的主轴，卧式铣床的刀轴，磨床磨头的砂轮轴等。

（5）支承件。用来支承和连接机床的各零部件，是机床的基础构件，例如各类机床的床身、立柱、底座、横梁等。

（6）动力源。为机床运动提供动力，是执行件的运动来源。普通机床通常都采用三相异步电动机，不需要对电动机调整，连续工作。数控机床采用直流或交流调速电动机、伺服电机和步进电动机等，可以直接对电动机调速，频繁启动。

其他类型机床的基本构造与上述机床类似，可以看成是它们的演变和发展。

第二节　机床的传动

机床的传动，有机械、液压、气动、电气等多种传动形式。这里主要介绍机械传动和液压传动。

一、机床的机械传动

（一）机床上常用的传动副及其传动关系
用来传递运动和动力的装置称为传动副，机床上常用的传动副及其传动关系如下：

(1) 带传动。带传动(除同步齿形带外)是利用传动带与带轮之间的摩擦作用,将主动带轮的转动传到从动带轮。带传动有平带传动、V 带传动、多楔带传动和同步齿形带传动等。在机床的传动中,一般常用 V 带传动。

从图 2-6 可知,如果不考虑传动带与带轮之间的相对滑动,带轮的圆周速度 v_1、v_2 和传动带速度 $v_{带}$ 的大小是相同的,即

$$v_1 = v_2 = v_{带}$$

因为

$$v_1 = \pi d_1 n_1$$
$$v_2 = \pi d_2 n_2$$

所以

$$i = \frac{n_2}{n_1} = \frac{d_1}{d_2}$$

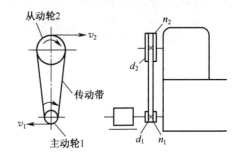

图 2-6 带传动

式中 d_1、d_2——主动、从动带轮的直径,mm;
n_1、n_2——主动、从动带轮的转速,r/min;
i——传动比,这里指从动轮(轴)与主动轮(轴)的转速之比。

从上式可知,带传动的传动比等于主动带轮直径与从动带轮直径之比。在带传动中,带轮转速与其直径成反比。

如果考虑传动带与带轮之间的滑动,则其传动比为

$$i = \frac{n_2}{n_1} = \frac{d_1}{d_2}\varepsilon$$

式中 ε——滑动系数,约为 0.98。

带传动的优点:传动平稳;轴间距离较大;结构简单,制造和维护方便;过载时打滑,不致引起机器损坏。但带传动不能保证准确的传动比,并且摩擦损失大,传动效率较低。

(2) 齿轮传动。齿轮传动是目前机床中应用最多的一种传动方式。这种传动种类很多,如直齿、斜齿、人字齿、圆弧齿等,其中最常用的是直齿圆柱齿轮传动,如图 2-7 所示。

若 z_1、n_1 分别代表主动轮的齿数和转速,z_2、n_2 分别代表从动轮的齿数和转速,则

$$n_1 z_1 = n_2 z_2$$

故传动比为

$$i = \frac{n_2}{n_1} = \frac{z_1}{z_2}$$

从上式可知,齿轮传动的传动比等于主动齿轮与从动齿轮齿数之比。齿轮传动中,齿轮转速与其齿数成反比。

齿轮传动的优点是结构紧凑,传动比准确,可传递较大的圆周力,传动效率高。缺点是制造比较复杂,当精度不高时传动不平稳,有噪声,线速度不能过高,通常小于 12~15m/s。

(3) 蜗杆传动。如图 2-8 所示。蜗杆为主动件,将其转动传给蜗轮。这种传动方式只能是蜗杆带动蜗轮转,反之则不可能。

若蜗杆的螺纹头数为 k,转速为 n_1,蜗轮的齿数为 z,转速为 n_2,则其传动比为

$$i = \frac{n_2}{n_1} = \frac{k}{z}$$

蜗杆传动的优点是可以获得较大的降速比(因为 k 比 z 小很多),而且传动平稳,噪声小,结构紧凑。但传动效率比齿轮传动低,需要有良好的润滑条件。

(4) 齿轮齿条传动。如图 2-9 所示,若齿轮按箭头所指方向旋转,则齿条向左作直线移动,其移动速度为

$$v = \frac{pzn}{60} = \frac{\pi mzn}{60} \quad (\text{mm/s})$$

式中　z——齿轮齿数;
　　　n——齿轮转速,r/min;
　　　p——齿条齿距,$p = \pi m$,mm;
　　　m——齿轮、齿条模数,mm。

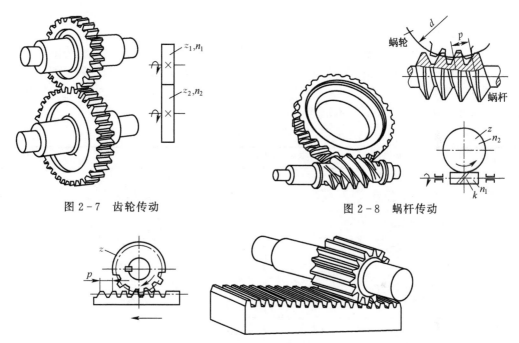

图 2-7　齿轮传动　　　　　　图 2-8　蜗杆传动

图 2-9　齿轮齿条传动

齿轮齿条传动可以将旋转运动变成直线运动(齿轮为主动),也可以将直线运动变为旋转运动(齿条为主动)。

齿轮齿条传动的效率较高,但制造精度不高时传动的平稳性和准确性较差。

(5) 螺杆传动也称丝杆螺母传动(图 2-10),通常螺杆(又称丝杠)旋转,螺母不转,则它们之间沿轴线方向相对移动的速度为

$$v = \frac{nP}{60} \quad (\text{mm/s})$$

式中　n——螺杆转速,r/min;
　　　P——单头螺杆螺距,mm。

用多头螺杆传动时

$$v = \frac{knP}{60} \quad (\text{mm/s})$$

式中 k——螺杆螺纹头数。

螺杆传动一般是将旋转运动变为直线运动。其优点是传动平稳,噪声小,可以达到较高的传动精度,但传动效率较低。

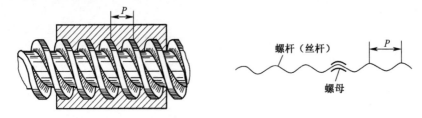

图 2-10 螺杆传动

(二) 传动链及其传动比

传动链是指实现从首端件向末端件传递运动的一系列传动件的总和,它是由若干传动副按一定方法依次组合起来的。为了便于分析传动链中的传动关系,可以把各传动件进行简化,用规定的一些简图符号(表 2-1)表示组成传动图,如图 2-11 所示。传动链也可以用传动结构式来表示。传动结构式的基本形式为

表 2-1 常用传动体的简图符号

名称	图形	符号	名称	图形	符号
轴			滑动轴承		
滚动轴承			止推轴承		
双向摩擦离合器			双向滑动齿轮		
螺杆传动(整体螺母)			螺杆传动(开合螺母)		
平带传动			V带传动		
齿轮传动			螺杆传动		
齿轮齿条传动			锥齿轮传动		

$$-\text{I}-\begin{Bmatrix}i_1\\i_2\\\vdots\\i_m\end{Bmatrix}-\text{II}-\begin{Bmatrix}i_{m+1}\\i_{m+2}\\\vdots\\i_n\end{Bmatrix}-\text{III}-\cdots$$

式中:罗马数字Ⅰ,Ⅱ,Ⅲ…表示传动轴,通常从首端件开始按运动传递顺序依次编写;i_1,i_2,…,i_m,i_{m+1},i_{m+2},…,i_n 表示传动链中可能出现的传动比。

如图 2-11 所示,运动自轴Ⅰ输入,转速为 n_1,经带轮 d_1、传动带和带轮 d_2 传到轴Ⅱ。再经圆柱齿轮 1、2 传到轴Ⅲ,经锥齿轮 3、4 传到轴Ⅳ,经圆柱齿轮 5、6 传到轴Ⅴ,最后经蜗杆 k 及蜗轮 7 传至轴Ⅵ,并把运动输出。

若已知 n_1、d_1、d_2、z_1、z_2、z_3、z_4、z_5、z_6、k 及 z_7 的具体数值,则可确定传动链中任何一轴的转速。例如求轴Ⅵ的转速 $n_{Ⅵ}$,可按下式计算:

$$n_{Ⅵ}=n_1 i_总=n_1 i_1 i_2 i_3 i_4 i_5$$
$$=n_1 \cdot \frac{d_1}{d_2} \cdot \varepsilon \cdot \frac{z_1}{z_2} \cdot \frac{z_3}{z_4} \cdot \frac{z_5}{z_6} \cdot \frac{k}{z_7}$$

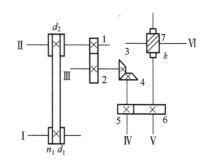

图 2-11 传动链图

式中 $i_1 \sim i_5$——传动链中相应传动副的传动比;
$i_总$——传动链的总传动比,$i_总=i_1 i_2 i_3 i_4 i_5$,即传动链的总传动比等于传动链中各传动副传动比的乘积。

(三)机床常用的变速机构

机床的传动装置,应保证加工时能得到最有利的切削速度。实际上,计算出来的理论切削速度只能在无级变速的机床上得到,而在一般的机床上,只能从机床现有的若干转速中,通过变速机构,来选取接近于所要求的转速。

变换机床转速的机构是由一些基本变速机构组成的。基本变速机构是多种多样的,其中滑动齿轮变速机构和离合器式齿轮变速机构是最常用的两种(图 2-12)。

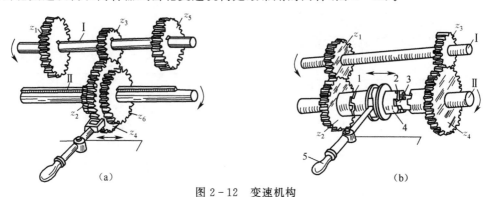

图 2-12 变速机构
(a)滑动齿轮变速机构;(b)离合器式齿轮变速机构。

(1)滑动齿轮变速机构(图 2-12(a))。带长键的从动轴Ⅱ上,装有三联滑动齿轮(z_2、z_4 和 z_6)。通过手柄可使它分别与固定在主动轴Ⅰ上的齿轮 z_1、z_3 和 z_5 相啮合,轴Ⅱ可得到 3

种转速,其传动比为

$$i_1=\frac{z_1}{z_2}, i_2=\frac{z_3}{z_4}, i_3=\frac{z_5}{z_6}$$

这种变速机构的传动路线可用传动链的形式表示如下:

$$-\text{I}-\begin{Bmatrix}\dfrac{z_1}{z_2}\\[4pt]\dfrac{z_3}{z_4}\\[4pt]\dfrac{z_5}{z_6}\end{Bmatrix}-\text{II}-$$

(2) 离合器式齿轮变速机构(图 2-12(b))。从动轴 II 两端套有齿轮 z_2 和 z_4,它们可以分别与固定在主动轴 I 上的齿轮 z_1 和 z_3 相啮合。轴 II 的中部带有键 3,并装有牙嵌式离合器 4。当由手柄 5 左移或右移离合器时,可使离合器的爪 1 或爪 2 与齿轮 z_2 或 z_4 相啮合,轴 II 可得到两种不同的转速,其传动比为

$$i_1=\frac{z_1}{z_2}, i_2=\frac{z_3}{z_4}$$

其传动链为

$$-\text{I}-\begin{Bmatrix}\dfrac{z_1}{z_2}\\[4pt]\dfrac{z_3}{z_4}\end{Bmatrix}-\text{II}-$$

(四) 卧式车床传动简介

图 2-13 为 C616 型(相当于新编型号 C6132)卧式车床的传动系统图,它用规定的简图符号表示出整个机床的传动链。图中各传动件按照运动传递的先后顺序,以展开图的形式画出

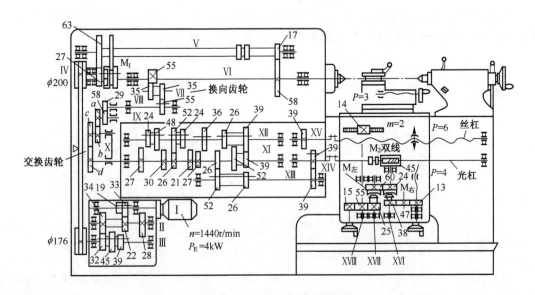

图 2-13 C616 车床传动系统图

来。传动系统图只能表示传动关系,而不能代表各传动件的实际尺寸和空间位置。图中罗马数字表示传动轴的编号,阿拉伯数字表示齿轮齿数或带轮直径,字母 M 表示离合器等。

(1) 主运动传动链为

$$
电动机—I—\begin{Bmatrix}\frac{33}{22}\\\frac{19}{34}\end{Bmatrix}—II—\begin{Bmatrix}\frac{34}{32}\\\frac{28}{39}\\\frac{22}{45}\end{Bmatrix}—III—\frac{\phi 176}{\phi 200}—IV—\begin{Bmatrix}M_1 \quad 向左结合\\M_1 \quad 闭合\\\frac{27}{63}—V—\frac{17}{58}\end{Bmatrix}—主轴 VI
$$

主轴可获得 2×3×2=12 级转速,其反转是通过电动机反转实现的。

(2) 进给运动传动链为

$$
主轴 VI—\begin{Bmatrix}\frac{55}{55}\\\frac{55}{35}\cdot\frac{35}{55}\end{Bmatrix}—VIII—\frac{29}{58}—IX—\frac{a}{b}\cdot\frac{c}{d}—XI—
$$

(换向机构)   (交换齿轮)

$$
—\begin{Bmatrix}\frac{27}{24}\\\frac{21}{24}\\\frac{27}{36}\\\frac{30}{48}\\\frac{26}{52}\end{Bmatrix}—XII—\begin{Bmatrix}\frac{39}{39}\cdot\frac{52}{26}\\\frac{26}{52}\cdot\frac{52}{26}\\\frac{39}{39}\cdot\frac{26}{52}\\\frac{26}{52}\cdot\frac{26}{52}\end{Bmatrix}—XIII—\begin{Bmatrix}\frac{39}{39}—XV—丝杠(P=6)—车螺纹\\\frac{39}{39}—XIV—M_2—光杠—\frac{2}{45}—XVI—\end{Bmatrix}
$$

$$
—\begin{Bmatrix}\frac{24}{60}—XVII—M_左—\frac{25}{55}—XVIII—齿轮、齿条(z=14,m=2)—刀架纵向进给\\M_右—\frac{38}{47}\cdot\frac{47}{13}—横进给丝杠(P=4)—刀架横向进给\end{Bmatrix}
$$

(五) 机床机械传动的组成

机床机械传动主要由以下几部分组成:

(1) 定比传动机构,即具有固定传动比或固定传动关系的传动机构,例如前面介绍的几种常用的传动副。

(2) 变速机构,即改变机床部件运动速度的机构。例如,图 2-13 中变速箱的轴 I—II—III 间采用的为滑动齿轮变速机构,主轴箱中轴 IV—V—VI 间采用的为离合器式齿轮变速机构,轴 IX—X—XI 间采用的交换齿轮变速机构等。

(3) 换向机构,即变换机床部件运动方向的机构。为了满足加工的不同需要(例如车螺纹时刀具的进给和返回,车右旋螺纹和左旋螺纹等),机床的主传动部件和进给传动部件往往需要正、反向的运动。机床运动的换向,可以直接利用电动机反转(例如 C616 车床主轴的反转),也可以利用齿轮换向机构(例如图 2-13 主轴箱中 VI、VII、VIII 轴间的换向齿轮)等。

(4) 操纵机构,即用来实现机床运动部件变速、换向、启动、停止、制动及调整的机构。机床上常见的操纵机构包括手柄、手轮、杠杆、凸轮、齿轮齿条、拨叉、滑块及按钮等。

(5) 箱体及其他装置。箱体用以支承和连接各机构,并保证它们相互位置的精度。为了保证传动机构的正常工作,还要设有开停装置、制动装置、润滑与密封装置等。

(六) 机械传动的优缺点

机械传动与液压传动、电气传动相比较,其主要优点如下：

(1) 传动比准确,适用于定比传动；

(2) 实现回转运动的结构简单,并能传递较大的扭矩；

(3) 故障容易发现,便于维修。

但是,机械传动一般情况下不够平稳；制造精度不高时,振动和噪声较大；实现无级变速的机构较复杂,成本高。因此,机械传动主要用于速度不太高的有级变速传动中。

二、机床的液压传动

(一) 外圆磨床液压传动简介

这里只分析控制磨床工作台往复运动的液压传动系统(图 2-14),它主要由油箱 20、齿轮油泵 13、换向阀 6、节流阀 11、安全阀 12、油缸 19 等组成。工作时,压力油从油泵 13 经管路输送到换向阀 6,由此流到油缸 19 的右端或左端,使工作台 2 向左或向右作进给运动。此时,油缸 19 另一端的油,经换向阀 6、滑阀 10 及节流阀 11 流回油箱。节流阀 11 是用来调节工作台运动速度的。

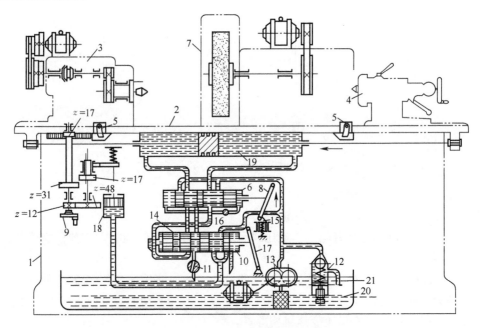

图 2-14 外圆磨床液压传动示意图

1—床身；2—工作台；3—头架；4—尾架；5—挡块；6—换向阀；7—砂轮罩；8—杠杆；9—手轮；10—滑阀；11—节流阀；12—安全阀；13—油泵；14—油腔；15—弹簧帽；16—油阀；17—杠杆；18—油筒；19—油缸；20—油箱；21—回油管。

工作台的往复换向动作,是由挡块 5 使换向阀 6 的活塞自动转换实现的。如图 2-14 所示,工作台向左移动,挡块 5 固定在工作台 2 侧面槽内,按照要求的工作台行程长度,调整两挡块之间的距离。当工作台向左行程终了时,挡块 5 先推动杠杆 8 到垂直位置,然后借助作用在杠杆 8 滚柱上的弹簧帽 15 使杠杆 8 及活塞继续向左移动,从而完成换向动作。此时,换向阀 6 的活塞位置如图 2-15 所示,工作台开始向右移动。换向阀 6 的活塞转换快慢由油阀 16 调节,它将决定工作台换向的快慢及平稳性。

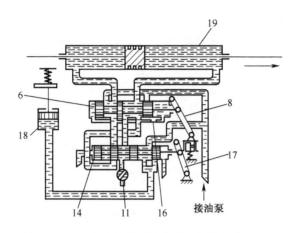

图 2-15 工作台右移时换向阀 6 的活塞位置

用手向右搬动操纵杠杆 17,滑阀的油腔 14 使油缸 19 的右导管和左导管接通,使工作台的移动停止。此时,油筒 18 中的活塞在弹簧压力作用下向下移动,使油筒 18 中的油液经油管流回油箱,$z=17$ 的齿轮与 $z=31$ 的齿轮啮合,便可利用手轮 9 移动工作台。

(二) 机床液压传动的组成

机床液压传动主要由以下几部分组成:

(1) 动力元件——油泵。其作用是将电动机输入的机械能转换为液体的压力能,是能量转换装置(能源)。

(2) 执行机构——油缸或油马达。其作用是把油泵输入的液体压力能转变为工作部件的机械能,它也是一种能量转换装置(液动机)。

(3) 控制元件——各种阀。其作用是控制和调节油液的压力、流量(速度)及流动方向。如节流阀可控制油液的流量;换向阀可控制油液的流动方向;溢流阀可控制油液压力等。

(4) 辅助装置——油箱、油管、滤油器、压力表等。其作用是创造必要的条件,以保证液压系统正常工作。

(5) 工作介质——矿物油。它是传递能量的介质。

(三) 液压传动的优缺点

液压传动与机械传动、电气传动相比较,其主要优点如下:

(1) 易于在较大范围内实现无级变速;

(2) 传动平稳,便于实现频繁的换向和自动防止过载;

(3) 便于采用电液联合控制,实现自动化;

(4) 机件在油中工作,润滑好,寿命长。

由于液压传动有上述优点,所以应用广泛。但是,因为油液有一定的可压缩性,并有泄漏现象,所以液压传动不适于作定比传动。

复习思考题

1. 如图 2-16 所示的传动系统图,试列出其传动链,并求:
(1) 主轴有几种转速?
(2) 主轴的最高转速和最低转速各多少?

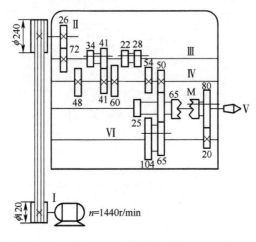

图 2-16　传动路线图

2. 磨床液压传动系统中,安全阀起什么作用?

第三章 典型表面加工分析

由于零件的外表面是由外圆柱面、孔(内圆柱面)、平面、内外圆锥表面、螺纹表面、各种成型表面等组成。而且,这些表面不仅具有一定的形状和尺寸要求,同时还要达到一定的技术要求,如尺寸精度、形位精度和表面质量等。因此,首先要研究每一种表面的加工方法。一般一个表面要分几次加工来达到图样要求的形状、尺寸和技术要求。例如,一根轴的外圆表面要经过粗车、半精车、精车三道手续(一般称为工序)或粗车、半精车、磨削三道手续,所以为了把一个表面加工到一定的精度和表面粗糙度,可通过几种不同的途径来达到目的。我们把这些不同的途径称为加工这一表面的加工路线(或加工方案)。

第一节 拟定加工方案的基本原则

加工路线是人们从实践中得出来的经验总结。它与加工方法的经济特性和表面粗糙度有密切联系。加工路线中的每一道工序都对前一道工序提出一定的精度和表面粗糙度要求,然后自己在前一道工序的基础上进一步提高表面的精度和降低表面粗糙度。这样一步一步地提高工件表面的精度和降低表面粗糙度,以达到零件表面的最后要求。

当对工件的表面加工质量要求较高时,我们要一步步地进行加工,当工件的生产规模不一样时,所造成的加工方法和加工路线也会有很大差别。所以我们在制定某一工件的加工路线时应该遵循下列基本原则。

一、粗、精加工要分开

在粗加工阶段,要切除较大量的加工余量,为下道加工打好基础,因此这一阶段的主要问题是如何获得高的生产率。而在精加工阶段,主要是保证各主要表面达到图样规定的质量要求。粗、精加工要分开的原因如下:

(1)粗加工阶段中切除金属较多,产生的切削力和切削热都较大,所需的夹紧力也应较大,因而使工件产生的内应力和由此引起的变形也大,不可能达到高的精度和低的表面粗糙度。因此需要先完成各表面的粗加工,再通过半精加工和精加工逐步减少切削用量、切削力和切削热,逐步修正工件的变形,提高加工精度和降低表面粗糙度,最后达到规定的要求。

(2)粗、精加工分开可合理使用机床设备。粗加工时可采用功率大、精度不高的高效率设备;精加工可采用相应的高精度机床。这样不但发挥了机床设备各自的性能特点,而且延长了高精度机床的使用寿命。

(3)为了在机械加工工序中插入必要的热处理工序,同时使热处理发挥充分的作用,这就自然而然地把机械加工工艺过程划分为几个阶段,并且每个阶段各有其特点及应该达到的目的。

此外,粗、精加工分开,可带来两个有利条件:

(1) 粗加工各表面后可及早发现毛坯的缺陷,及时报废或修补,以免继续进行精加工而浪费工时和制造费用。

(2) 精加工表面的工序安排在最后,可保护这些表面少受损伤或不受损伤。

二、几种加工方法要互相配合

当对零件的表面加工质量要求较高时,若单一采用某种加工方法,就难以经济高效地加工出来。所以,要根据零件的技术要求,考虑各种加工方法的特点和应用范围,配合使用,一步一步地提高工件表面的精度和降低表面粗糙度,以达到零件表面的最后要求。例如一根45钢的小轴 $\phi 20_{-0.021}^{0}$ mm 一般要经过粗车、半精车、磨削工序来达到,这里就使用了车、磨两种加工方法。

第二节 典型表面的加工路线

一、外圆面的加工

轴、套、盘类零件的主要表面或辅助表面往往由外圆面组成,这类零件在机器中占有很大比例。对于外圆面的技术要求大致有以下几方面。

(1) 本身精度。主要指它本身的尺寸精度和形状精度。如直径精度、外圆面的长度精度、外圆面的圆度、圆柱度等。

(2) 位置精度。主要指一般圆面与其他外圆面的同轴度要求,与内孔的同轴度要求,与端面的垂直精度要求。

(3) 表面质量。主要指表面粗糙度的要求。

根据零件的技术要求和各种加工方法所能达到的精度和表面粗糙度来拟定各种加工路线。

表3-1给出了外圆柱表面的加工路线,可以作为拟定外圆柱表面加工路线的参考。

表3-1 外圆柱表面的加工路线

加 工 路 线	尺寸精度	表面粗糙度 $Ra/\mu m$
粗车	IT12~IT11	50~12.5
粗车—半精车	IT10~IT9	3.2~6.3
粗车—半精车— {精车 / 磨削}	IT8~IT7	0.8~1.6
粗车—半精车— {精车—细车(适用于非铁金属及合金) / 粗磨—精磨 / 精车—滚压}	IT6~IT5	0.1~0.4
粗车—半精车—粗磨—精磨— {镜面磨削 / 研磨 / 超精加工 / 抛光}	IT6~IT5	0.2~0.05

对于一般钢铁类零件,外圆表面的加工方法主要有车、磨和光整加工。车削加工主要用于未淬硬的钢的粗加工、半精加工和精加工。对于钢有淬硬要求的外圆表面,往往在淬硬前用车削加工进行粗加工和半精加工,淬硬后用磨削加工来完成精加工。对于零件要求精度较高、表面粗糙度较小时,在精加工之后,还要安排光整加工,如研磨、珩磨、超级光磨等。如果对零件的精度要求不是很高,只是要求表面粗糙度值很小时,可在精加工外圆后进行抛光。对于材料塑性较大的有色金属的精加工一般不用磨削加工(软的磨屑易堵塞砂轮,难以得到很光洁的表面),而常用精细车削来完成。

二、孔加工

孔与外圆面的技术要求相似,主要有以下几项。

(1) 本身精度。包括孔的尺寸精度如 $\phi 25^{+0.021}_{0}$ mm、孔的长度尺寸精度、孔的圆度和圆柱度等。

(2) 位置精度。包括孔与外圆面、孔与孔之间的同轴度、孔与其他表面的平行度、垂直度等。

(3) 表面质量。主要指表面粗糙度等。

孔的加工方法有钻削、镗削、拉削及磨削等。根据孔的类型、技术要求和各种加工方法所能达到的精度和表面粗糙度值可拟定出孔的加工路线。

表 3-2 给出孔的加工路线,可作为拟定孔的加工方案时的参考。

表 3-2 孔的加工路线

材料	孔径 d/mm	加工路线		表面粗糙度 Ra/μm	尺寸精度
		实心材料上的加工孔	铸出或锻出孔		
铸铁、钢	—	不用钻模钻	粗扩、粗镗	50~12.5	IT10 以下
铸铁、钢	<30	用钻模钻		25~6.3	IT9
		钻—扩		12.5~3.2	
	>30	钻—扩	镗	25~6.3	
		钻—镗	粗镗—半精镗	12.5~3.2	
钢	<20	钻—铰		6.3~1.6	IT8
铸铁	<25				
钢	>20	钻—半精镗—精镗	粗镗—半精镗—精镗	3.2~1.6	
		钻—扩(镗)—铰	粗镗—半精镗—铰	6.3~0.8	
铸铁	>25	钻—扩(镗)—粗磨	粗镗—半精镗—粗磨	6.3~0.8	
		钻—拉	镗—拉	6.3~1.6	
铸铁、钢	<12	钻—粗铰—精铰		1.6~0.8	IT7~IT6
	>12	钻—扩—粗铰—精铰	粗镗—半精镗—粗铰—精铰	1.6~0.8	
		钻—拉	粗镗—半精镗—拉	1.6~0.4	
		钻—镗—磨	粗镗—半精镗—磨	0.8~0.2	

对于实心孔首先利用钻削钻孔。然后再根据孔的大小确定半精加工和精加工方法。对于小孔的半精加工以扩孔为主,精加工以铰孔为主。对大孔的半精加工、精加工以镗孔为主,进行半精镗、精镗或磨削。对于淬硬孔只能用磨削进行精加工。

三、平面加工

平面是箱体类零件的主要表面之一,也是盘形和板形零件的主要表面。平面与外圆面和孔不同,一般平面本身的尺寸精度要求不高,其技术要求如下。

(1) 形状精度。如平面度和直线度等。

(2) 位置精度。如平面的平行度、垂直度。

(3) 表面质量。如表面粗糙度、表层硬度等。

根据平面的技术要求,各种加工方法所能达到的精度和表面粗糙度值,拟定平面的加工路线。

表3-3是平面的加工路线,可作为拟定平面加工方案时的参考。

表3-3 平面加工路线

加工路线	表面粗糙度 $Ra/\mu m$	加工路线	表面粗糙度 $Ra/\mu m$
粗刨 粗铣	50～12.5	粗拉—精拉	0.2～0.1
粗刨—半精刨 粗铣—半精铣 车平面 拉削	6.3～1.6	粗刨—半精刨 粗铣—半精铣 }—粗磨—精磨	0.2～0.1
粗刨—半精刨 粗铣—半精铣 } 宽刀精刨 高速精铣 磨 刮研	0.8～0.2	粗刨—半精刨 粗铣—半精铣 }—粗磨—精磨—{研磨 超精加工	0.1～0.008

平面的加工方法主要有铣、刨、车、磨及拉等。平面的精度要求很高时,可采用刮研、研磨来达到。回转体端面,主要用车削、磨削来加工;其他类的平面以铣削、刨削加工为主;拉削仅适应于大批大量生产中技术要求较高,且面积不太大的平面。淬硬平面用磨削加工来完成。

第三节 精 密 加 工

珩磨、超精研和研磨加工等加工方法,是生产中常用的精密加工方法,应用范围很广。

一、珩磨

珩磨是在大批大量和成批生产中应用极为普遍的一种孔的精加工方法,其工作原理如

图 3-1 所示。由图可见,珩磨头上的珩磨砂条有 3 个运动,即旋转运动、往复运动和垂直加工表面的径向进给运动。前两种运动是珩磨砂条的主运动,这两个运动的合成使加工表面上的磨粒切削轨迹呈交叉而不相重复的网纹。由于切削方向经常连续变化,故能较长期地保持磨粒锋利和较高的磨削效率。径向进给运动就是砂条在压力作用下,随着金属层的被切除而作的径向运动,压力越大,切削量越大,径向进给量也越大。

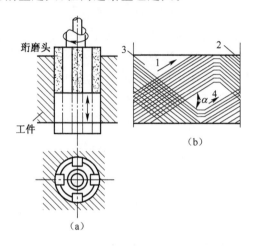

图 3-1 砂条磨拉在孔表面上的轨迹
(a) 成形运动;(b) 一根砂条在双行程中的切削轨迹(展开图)。
1、2、3、4—形成纹痕的顺序;α—网纹交叉角。

珩磨的切削速度较低,一般为 100～300m/min,比磨削速度低得多;其径向压强约为 40～200N/cm²,只占磨削的 1/50～1/100。

珩磨过程中,金属的切除与磨削过程很相似,也有切削、挤压和刮擦等过程。其金属切除率取决于加在砂条上的压力的大小和旋转运动与往复运动速度的大小。与普通磨削相比较,珩磨时磨具的压强低,因而每颗磨粒上的负荷很小,加工表面的变形层很薄。此外,因为珩磨条的速度很低,仅为砂轮速度的几分之一,故珩磨效率很低。在珩磨过程中,为了使脱落的磨粒及时冲走,应施加大量的切削液,这些切削液还能使工件表面得到充分冷却,故工件表面传入的热量很少,不易烧伤。由于砂条上压强低,磨粒切深小,加之磨粒粒度较细,故表面粗糙度值就很低。总之,很易得到较高的表面质量。

为了使砂条能与孔表面均匀接触,以保证切去小而均匀的余量,珩磨头相对于安装工件的夹具是浮动的,工件与珩磨机床主轴可不严格同轴,因此,珩磨机床的主轴精度要求不高。正因为珩磨头是浮动的,故珩磨加工不能修正相对位置误差。因此,在进行珩磨前的孔在精加工工序中必须保证其位置精度。

珩磨过程中由于上一道工序所得的加工表面还遗留有一定的几何形状误差,其表面高出部分总是与砂条先接触,而且该处压强较大,所以这些高出部分很快会被磨去,直至修正到砂条与工件表面完全接触。珩磨能对前道工序所产生的形状误差,如圆度、锥度、孔的弯曲度和表面波度等,有一定程度的修正作用。

二、超精研

超精研是一种降低零件表面粗糙度值、延长零件使用寿命的高生产率光整加工方法。特别是加工保证镜面的表面粗糙度时,镜面磨削和珩磨在很多情况下往往不及超精研效率高,故用于汽车零件、轴承、内燃机零件和精密量具等的一些工件的加工,而且还能加工平面、锥面、孔和球面。由于超精研磨头与工件无刚性的运动联系,加之余量甚小(一般为 $3\sim10\mu m$),砂条切除金属的能力较弱,所以修正零件的几何形状误差和尺寸误差的作用也较差,一般要求前道工序要保证零件的必要精度。

超精研工作原理如图3-2所示。各种表面的超精研加工如表3-4所列。

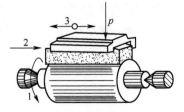

图 3-2 超精研外圆的基本运动
1—工件旋转;2—磨头的进给运动;
3—磨条低频往复振动;p—压力。

表 3-4 各种表面的超精研加工

加工表面形状	工序特点	工序简图	运动方式		适用范围
			砂条	工件	
外圆表面	外圆超精加工		振动进给运动	旋转	尺寸较大的轴颈
外圆表面	无心外圆超精加工		振动	旋转进给运动	尺寸较小的圆柱体
圆孔表面	多砂条超精加工		振动旋转进给运动	静止不动	尺寸较大、工件较重的孔
圆孔表面	单砂条超精加工		振动进给运动	旋转	尺寸一般,工件不大的孔
平面	端面超精加工		振动	旋转	尺寸较小的端面
平面	平面超精加工		振动旋转横向进给运动	纵向进给运动	尺寸较大的平面

续表

加工表面形状	工序特点	工序简图	运动方式 砂条	运动方式 工件	适用范围
锥孔	单件超精加工	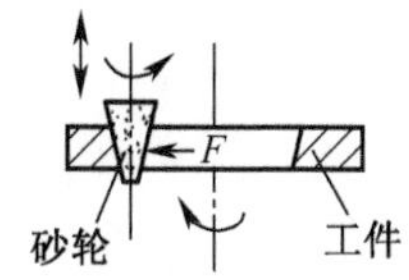	振动旋转	旋转	尺寸较大的短锥孔
锥孔	双件超精加工	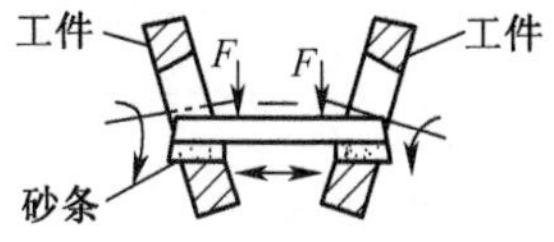	振动	旋转	尺寸一般的短锥孔
圆弧面	轴承内沟道超精加工	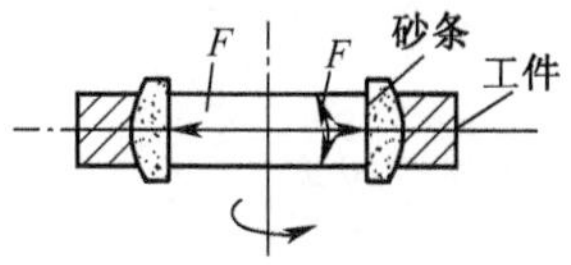	振动	旋转	尺寸较大的球面内沟道
圆弧面	轴承外沟道超精加工	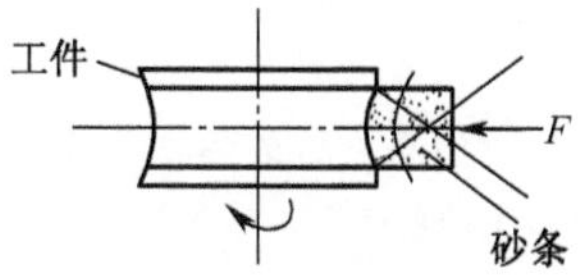	振动	旋转	球面外沟道

超精研加工所用的磨具是细粒度低硬度的砂条。加工时工件旋转，磨头带着砂条在加工表面上作轴向低频振动。在一定的研磨压力作用下从工件表面磨去极薄的一层金属。由于研磨压强很低，在工件表面上留下的磨痕非常浅，所以可以得到很低的表面粗糙度。这些磨痕呈交叉纹路状，有利于油膜的形成，从而使零件表面工作时有较好的润滑，因此超精研加工后的表面，其耐磨性比珩磨的更高一些。

超精研加工时砂条上各磨粒在工件表面上留下的复杂轨迹分析如下：如图3-3所示，砂条的往复振动是由电动机带动的偏心轮机构所驱动。图中 O 为偏心轮的回转轴心，O_1 为偏心销中心。砂条的振幅 a 为偏心距 e 的两倍，即 $a=2e$。砂条振动的往复速度 v_s，它与工件的回转线速度 v_g 构成切削方向角 θ，由图可知切削速度 v 为

$$v=\sqrt{v_g^2+v_s^2}$$
$$v_g=\pi Dn/1000$$

切削方向角 θ 为

$$\theta=\arctan\frac{v_s}{v_g}=\arctan\frac{af\cos\phi}{D_g n_g}$$
$$\theta_{\max}=\arctan\frac{af}{D_g n_g}$$

式中　v——切削速度，m/min；
　　　v_g——工件回转的线速度，m/min；
　　　v_s——砂条振动的往复运动速度，m/min；

ϕ——偏心销中心绕偏心盘回转中心的转角；
D_g——工件直径，mm；
n_g——工件转速，r/min；
a——砂条的振幅，mm；
f——砂条振幅频率，次/min。

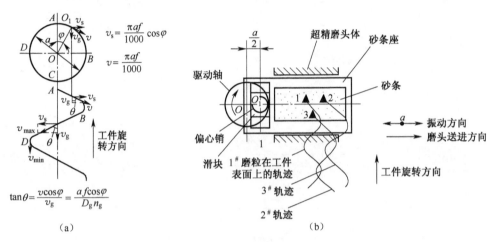

图 3-3 超精研时砂条磨粒的运动轨迹
(a) 单颗磨粒在工件表面上的轨迹；(b) 多颗磨粒的轨迹。

θ_{max} 是超精磨加工的重要参数，对加工表面粗糙度值有较大影响。

由于砂条上有很多磨粒，所以在工件表面上将织成如图 3-4 所示的网状痕迹。如果再加上磨头的轴向进给运动，则将形成更细密的网纹。

在超精研加工过程中，最初砂条同比较粗糙的工件表面接触，虽然压力不大，但由于实际的接触面积小，实际压强较大，工件与砂条之间不能形成完整的润滑油膜，加之砂条磨粒的切削方向经常变化，磨粒破碎的机会较多，磨钝的情况少，砂条具有良好的自励性。因此，这时砂条主要起切削作用。随着工件表面被磨平，同时还有极细的切屑所形成的氧化物嵌入砂条空隙，使砂条表面形成光滑表面，接触面积逐渐增大，单位面积上的压强逐渐减小，润滑油膜也逐渐形成，最后便自动停止切削，起光整抛光作用。

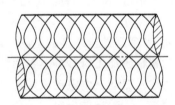

图 3-4 超精研加工后的表面上的网状痕迹

如果光滑的砂条表面再一次与待加工表面接触，由于较粗糙的工件表面破坏了砂条的光滑表面，又恢复了砂条的自励性，切削过程可以再一次进行。

综上所述，超精研加工有以下特点：

(1) 磨粒具有较复杂的运动轨迹，且能在加工过程中从切削作用过渡到光整抛光作用，故工件表面能得到较低的表面粗糙度值。

(2) 切削速度低，砂条对工件的压强小（一般在 $50N/cm^2$ 以下），所以加工过程中发热少，工件表面不会烧伤，变形层很浅，故工件表面的质量较好。

(3) 由于砂条在加工过程中作往复振动，磨粒的切削方向时刻都在改变，因此磨粒破碎的机会多,自励性好,故切削效率很高。

(4) 由于磨粒的运动轨迹比磨削、珩磨等复杂,在工件表面上易形成交叉网纹,为储存润滑油创造了良好条件,故加工后的表面耐磨性好。

(5) 能较简单地把普通机床改装成超精研加工机床,可不必购置专用的超精研加工机床。

三、研磨

研磨是一种简便可靠的光整加工方法,研磨后表面的尺寸误差和几何形状误差,在研具精度足够高的情况下可以小到 $0.1\sim0.3\mu m$,表面粗糙度值 Ra 可达 $0.025\sim0.008\mu m$。在现代工业中,往往采用研磨作为加工最精密零件的终加工方法。最初,人们用研磨法制造精密块规,而后发展到制造精密量规、钢球、轧辊、喷油嘴、滑阀、柱塞油泵及精密齿轮等精密零件。在光学仪器制造中,研磨成为精加工透镜镜头、棱镜及光学平晶等光学仪器零件的主要方法。电子工业中,常用研磨法精加工石英晶体、半导体晶体和陶瓷元件的精密表面。

研磨的工作原理:研磨时,研具在一定的压力下与加工面作复杂的相对运动。研具和工件之间的磨粒(研磨剂)在相对运动中,分别起机械切削作用和物理、化学作用,使磨粒能从工件表面上切去极微薄的一层材料,从而得到具有极高的尺寸精度、极低表面粗糙度值的表面。

研磨时,有大量磨粒在工件表面上浮着,它们在一定压力下滚动、刮擦和挤压,起着切除细微金属的作用。图 3-5(a)所示的是磨粒在研磨塑性材料时的工作情况,由图可见磨料在滚动和刮擦时的切削作用。当研磨脆性材料时,磨粒在压力作用下,首先使加工面产生裂纹,随着磨粒运动的进行,裂纹不断地扩大、交错,以至形成了碎片(即切屑),最后脱离工件(如图 3-5(b))。

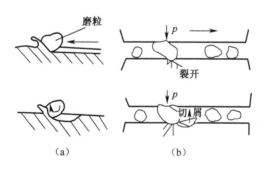

图 3-5 研磨时磨粒的切削作用

研磨时,磨粒与工件在接触点处产生的挤压作用是形成平滑表面而得到低粗糙度值的一个重要因素。干研磨时,磨粒在工件上主要进行刮擦切削。湿研磨时,磨粒以滚动切削为主。粗研时,磨粒对工件表面以机械损伤为主,故表面粗糙,留下很深的划痕;精研时,则以热的局部挤压和研磨剂的化学作用为主,形成低粗糙度值的表面。

研磨方法可分为手工研磨和机械研磨两种。

机械研磨可以用来研磨平面、圆柱面、球面、半球面等表面,可以单面研磨,也可以双面研磨。图 3-6(a)是一种靠摩擦带动支持盘的单面研磨机,图 3-6(b)是中心齿轮传动工件夹持盘的单面研磨机,研磨时工件的重量作用在研磨盘上以形成研磨压强。图 3-6(c)是一种行星传动式的双面研磨机,中心齿轮 5 带动 6 个工件夹盘 3,该夹盘本身在传动中就是一个行

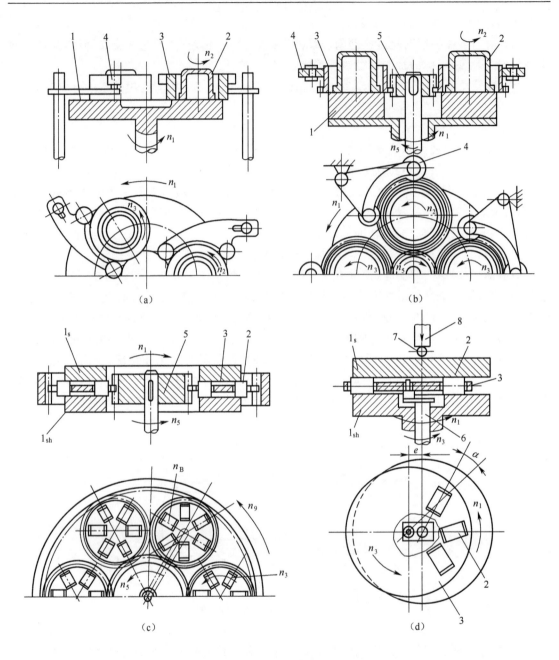

图 3-6 单面和双面机械研磨机

(a) 单面研磨机;(b) 齿轮传动单面研磨机;(c) 行星齿轮传动的双面研磨机;(d) 偏心传动的双面研磨机。
1—研磨盘;1_s—上研磨盘;1_{sh}—下研磨盘;2—工件;3—工件夹盘;4—支承滚子;5—中心传动齿轮;
6—偏心轴;7—钢球;8—加压杆。
n_1—研磨盘转速;n_5—中心传动齿轮转速;n_3—工件夹盘转速;n_B—系杆(假想的)转速;n_9—内齿圈转速。

星齿轮。这6个行星齿轮的外面同时与一个中心内齿轮啮合。行星齿轮除了以 n 为转速作自转以外,还作公转。研磨盘以 n 的转速旋转。工件置于行星齿轮(即工件夹盘)的槽子中,并随着行星齿轮与研磨盘做相对运动。图 3-6(d)是一种偏心式双面机械研磨装置,1_s 和 1_{sh} 是上下两个研磨盘,3为工件夹盘,工件2斜置于3的空格中。由加压杆8经钢球7将作用力P加在上研磨盘1_s上。工作时,下研磨盘1_{sh}旋转,同时偏心轴6带动工件夹盘3作偏心运动,因此,工件具有滚动和滑动两种速度。研磨作用的强弱,主要依靠工件与研具的相对滑动速度的大小而定。

根据磨料是否嵌入研具的情况,研磨可分为嵌砂研磨和无嵌砂研磨两种。

(一) 嵌砂研磨

嵌砂研磨分为自由嵌砂法与强迫嵌砂法。自由嵌砂法是在加工时,磨料直接加入工作区域内,在加工过程中,磨粒受挤压而自动地嵌入研具。强迫嵌砂法是在加工之前,事先把磨料直接挤压到研具表面中去,这种研磨法主要用于研磨块规等精密量具。

(二) 无嵌砂研磨

这种研磨法应用于较软的磨料(如氧化铬等)和较硬材料的研具(如淬硬钢、镜面玻璃等)。在研磨过程中,磨粒处于自由状态,不嵌入研具表面。

研磨的精度和表面粗糙度值在很大程度上还与研磨前工序的加工质量有关。研磨的加工余量一般很小,在0.01~0.02mm以下。如果余量较大,应划分为几个步骤进行(如粗研、精研等)。当所要求的表面粗糙度Ra为0.05~0.025μm时,一般要进行2~3次研磨;如果要求Ra为0.012~0.008μm时,要进行4~5次研磨。

嵌砂研磨的研具可用于铸铁、软钢、塑料或硬木制造,但一般采用组织细密的珠光体灰铸铁或密烘铸铁。

研磨所用的磨料也是以人造氧化铝及碳化硅等应用最为普遍。碳化硅主要用于加工硬质合金、铸铁等脆性材料或铜、铝等有色金属。氧化铁、氧化铬和氧化铈则主要用于精研和抛光,如半导体及光学玻璃表面的精研和抛光就是采用这类磨料。

所用磨料的粒度通常为250#~600#,有时用更细的磨料。精研和抛光常用1000#以上的粒度;半精研磨用400#~800#;粗研磨用200#~400#粒度的磨料。

研磨液常用煤油和机油,按1:1的比例混合而成。研磨液具有冷却和润滑作用,同时它还应具有一定的黏度,以起到调和磨粒使其分布均匀的作用。为了加快研磨过程,研磨液中应含有吸附能力较大的表面活性物质,如在研磨液中加入硬脂酸或油酸2.5%。因为金属表面经常覆盖着一层比较牢固的氧化物薄膜,由于研磨液的吸附作用,可以把细小的磨粒和原来存在于研磨剂中的含硫物质带到被研磨面的表层上去,使表面层软化,所以表面层的凸峰容易被磨粒切除。

研磨压强和工件对于研具的相对滑动速度是两项主要的研磨用量。研磨压强一般在$12\sim40\text{N/cm}^2$,研磨压强越大生产率就越高,但研磨表面粗糙度值也会相应提高。提高相对滑动速度,虽然能提高生产率,但对精度和表面粗糙度值会产生不利影响。因此,只在粗研时用较高速度(达40~50m/min),而精研时速度应降至6~12m/min。

复习思考题

1. 在零件的加工过程中,为什么常把粗、精加工分工进行?
2. 加工相同材料、尺寸、精度和表面粗糙度的外圆和孔,哪一个更困难,为什么?
3. 试决定下列零件外圆面的加工方案:

(1) 紫铜小轴，$\phi 20_{-0.021}^{0}$ mm，$Ra 0.8\,\mu m$，2 件。

(2) 黄铜小轴，$\phi 30_{-0.021}^{0}$ mm，淬火，200 件。

(3) 45 钢轴，$\phi 30_{-0.021}^{0}$ mm，$Ra 0.025\,\mu m$，2 件。

(4) 45 钢轴，$\phi 30_{-0.021}^{0}$ mm，$Ra 1.6\,\mu m$，调质，200 件。

4. 加工下列零件的内孔，用何种方案加工比较合理？

(1) 单件生产，45 钢套筒上的孔，$\phi 30_{0}^{+0.021}$ mm，$Ra 1.6\,\mu m$。

(2) 大批大量生产中，铸铁齿轮上的孔，$\phi 50_{0}^{+0.025}$ mm，$Ra 0.8\,\mu m$。

(3) 变速箱箱体（材料为铸铁）上传动轴的轴承孔，$\phi 62_{-0.012}^{+0.018}$ mm，$Ra 0.8\,\mu m$。

5. 加工下列零件上的平面，确定加工方案。

(1) 成批生产铣床工作台（铸铁）台面，$L \times B = 1250\,mm \times 300\,mm$，$Ra 1.6\,\mu m$。

(2) 大批大量生产中，发动机连杆（45 钢调质，217～255HBS）侧面，$L \times B = 25\,mm \times 10\,mm$，$Ra 3.2\,\mu m$。

6. 珩磨、研磨的加工原理是什么？各用在何种场合？

第四章 零件的结构工艺性

在设计零件时,不仅要考虑零件的使用要求,还要考虑设计出来的零件是否符合加工工艺,也就是零件的结构工艺性。结构工艺性不合理的零件会造成无法加工,虽然能够被加工出来,但会给加工带来困难,从而影响生产率和经济性;结构工艺性良好的零件,可以较经济地、高效地、合理地加工出来。

零件结构工艺性的好坏是相对的,它与其加工方法、生产率、生产类型、设备条件和工艺过程有着密切的联系。为了获得良好的零件结构工艺性,设计人员应了解和熟悉各种加工方法的工艺特点、典型表面的加工方案、工艺过程基础知识等。在设计零件时应考虑以下几方面。

一、零件的结构便于加工

(一) 应留有退刀槽、空刀槽和越程槽

为避免刀具或砂轮与工件某一部分相碰,使得加工无法进行的情况,有时在二联齿轮中间和变径轴中间应留有退刀槽和空刀槽。图 4-1 中(a)为车螺纹时的退刀槽;(b)为滚齿轮时的退刀槽;(c)为插齿时的空刀槽;(d)为刨削时的越程槽;(e)为磨削时的越程槽;(f)为磨内孔时的越程槽。

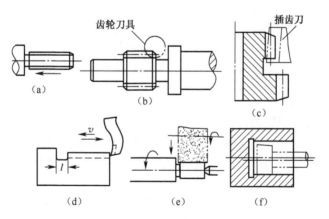

图 4-1 退刀槽、空刀槽和越程槽

(二) 凸台的孔要留有加工空间

如图 4-2 所示,若孔的轴线距 S 小于钻头外径 D 的一半,则难以加工。一般 $S \geqslant D/2 + (2\sim5)$mm。

(三) 避免弯曲孔

如图 4-3 所示,图 4-3(a)、(b)加工不出来,图 4-3(c)虽能加工,但还需加一个塞柱。

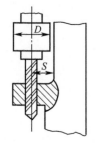

图 4-2　钻孔空间　　　　　图 4-3　弯曲的孔

（四）孔轴线应与其端面垂直

如图 4-4 所示，孔轴线应该与端面垂直，避免使钻头钻入和钻出时产生引偏或折断。

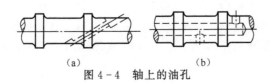

图 4-4　轴上的油孔

（五）同类结构要素要统一

如图 4-5 所示，同一工件上的退刀槽、过渡圆尺寸及形状应该一致，这样可减少换刀时间和辅助时间。

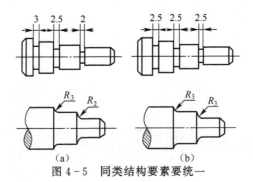

图 4-5　同类结构要素要统一

（六）尽量减少走刀次数

同一面上的凸台应设计得一样高，从而减少工件安装次数和对刀时间。如图 4-6 所示，图 4-6(a)需多次对刀，改成图 4-6(b)结构后只需对刀一次便可加工出 3 个小凸台。

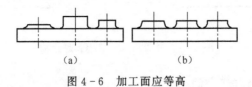

图 4-6　加工面应等高

二、尽量减少不必要的加工面积

如图 4-7 所示，图 4-7(b)相比图 4-7(a)结构既减少了加工面积，又能保证装配时零件很好结合。

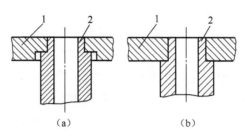

图 4-7 简化零件结构

三、零件的结构应便于安装

(一) 增加工艺凸台

刨平面时,经常将工件直接安装在工作台上。如果要刨上平面,应使加工面水平。如图 4-8 所示,零件较难安装,将图 4-8(a) 改为图 4-8(b),增加一个工艺凸台,便容易找正安装,加工完上面可将凸台切去。

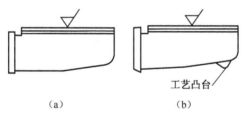

图 4-8 工艺凸台

(二) 增加辅助安装面

如图 4-9 所示。

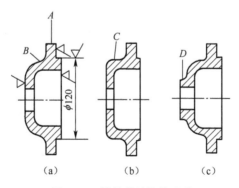

图 4-9 轴承盖结构的改进

四、提高标准化程度

(1) 应尽量采用标准件,降低成本。

(2) 尽量选用标准刀具加工工件,这样不用特制刀具。例如当加工不通孔时由一直径到另一直径的过渡最好做成与钻头顶角相同的锥面。

复习思考题

1. 何谓零件的结构工艺性？它有什么实际意义？
2. 设计零件时，考虑零件结构工艺性的一般原则有哪几项？
3. 增加工艺凸台或辅助安装面，可能会增加加工的工作量，为什么还要使用它们？
4. 为什么要尽量减少加工时的安装次数？
5. 为什么零件上同类结构要素要尽量统一？
6. 如图 4-10 所示，齿轮轮毂的形状共有 3 种不同的结构设计方案，试从你所选定的齿形加工方法对零件结构的要求，比较哪种结构工艺性较好？哪种较差？为什么？

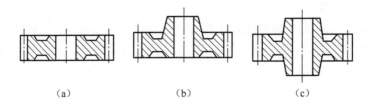

图 4-10 齿轮轮毂的形状

7. 分析图 4-11 所示各零件的结构，找出哪些部位结构工艺性不妥当，为什么？绘出改进后的图形。

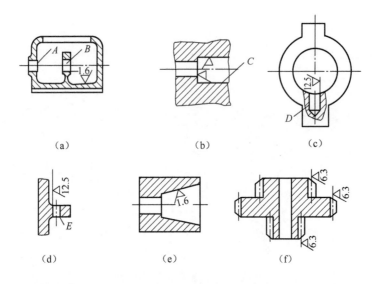

图 4-11 零件的结构形状
(a) 加工孔 A、B；(b) 加工孔 C；(c) 加工孔 D；(d) 加工孔 E；(e) 加工锥孔；
(f) 加工齿面。

8. 指出图 4-12 所示零件难以加工或无法加工的部位，并提出改进意见。

第四章 零件的结构工艺性

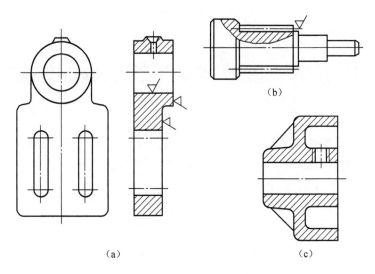

图 4-12 零件的结构形状

第五章　机械加工工艺规程的制定

机械加工工艺过程是指用机械加工的方法,直接改变零件(毛坯)的形状、尺寸和材料性能,使之成为所需的合格产品的过程。由于零件的生产类型、形状、尺寸和技术要求等条件不同,针对某一个零件,往往不能在单独的一种机床上,用某一种加工方法加工完成。而是要根据零件的具体要求,选择合适的加工方法,合理的安排加工顺序,一步一步地把零件加工出来,然后按照一定的格式,用表格和文件的形式表示出来,作为组织生产、指导生产、编制生产计划的依据,这一工艺文件就是该零件的机械加工工艺规程。

第一节　机械加工工艺过程的基本概念

一、生产过程与工艺过程

(一) 生产过程

生产过程是指从材料到成品的全部劳动过程。它包括材料的运输、保管、生产准备工作、毛坯的加工、零件的机械加工、热处理工艺、装配、检验、调试、油漆和包装等。

(二) 工艺过程

在产品的生产过程中,与原材料变为成品有直接关系的过程称为工艺过程。例如,铸造、锻造、焊接和零件的机械加工等。在工艺过程中,采用机械加工的方法,直接改变毛坯的形状、尺寸和性能使之变为成品的工艺过程,称为机械加工工艺过程。

二、机械加工工艺过程的组成

机械加工工艺过程由若干个工序组成,通过这些不同的工序把毛坯加工成合格的零件。

(一) 工序

一个(或一组)工人,在一个工作地点,对一个(或同时几个)零件加工,连续完成机械加工工艺过程中的一部分工作称为工序。一个零件往往是经过若干道工序加工而成,现以图 5-1 所示的零件来说明。由图可知,加工这个零件的机械加工工艺过程包括下列加工内容:车端面 B、车外圆 $\phi 28$mm、车外圆 $\phi 14$mm、$\phi 14$mm 外圆倒角、切槽、车端面 C、切断、调头车另一端面 D、铣削平面 E、铣削平面 F、钻孔 $\phi 13$mm 及发蓝。

随着车间条件的不同和生产规模的不同,可以采用不同的方案来完成工件的加工。表 5-1 及表 5-2 分别列出在单件小批生产及大批量生产中工序的划分和所用的机床(加工这个零件的方案还有很多,此处只是为说明问题,举两个例子)。这里必须注意,构成一个工序的主要特点是不改变加工对象、设备和操作者,而且工序内的工作是连续完成的。如在表 5-1 的第一道工序中,若调头车削另一端面的工作是在另一台车床上进行的,这时应算两

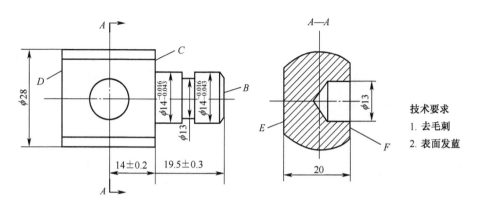

图 5-1 零件

道工序,因为加工地点变了,如表 5-2 中的工序 1 和工序 2。在表 5-1 的工序 1 中,若一批零件在完成切断工作后,统一调头车另一端面,这时也应算两道工序,因为加工不连续。

表 5-1 单件小批生产的工艺过程

工序号	工序内容	工作地点
1	车端面 B;车外圆 $\phi28$mm;车外圆 $\phi14$mm;车端面 C;切槽;切断;倒角;调头车另一端面 D	车床
2	铣削平面 E、F	铣床
3	钻孔 $\phi13$mm 去毛刺	钻床
4	发蓝	

表 5-2 大批大量生产的工艺过程

工序号	工序内容	工作地点
1	车端面 B;车外圆 $\phi28$mm;车外圆 $\phi14$mm;车端面 C;切槽;倒角	车床 1
2	车端面 D	车床 2
3	铣削平面 E	铣床 1
4	铣削平面 F	铣床 2
5	钻孔 $\phi13$mm	钻床
6	去毛刺	钳工台
7	发蓝	

(二) 工步

工步是工序的组成部分。它是指加工表面、切削工具和切削用量(切削速度、进给量、背吃刀量)均保持不变的情况下,所完成的那部分工艺过程。若其中有任何变化,即为另一个工步。

在单件小批生产中,工序 1 包括 8 个工步:三次车端面、二次车外圆、一次切槽、一次倒角和切断。分为 8 个工步的原因是加工表面变了。工序 2 包括两个工步,因为加工表面变了。在大批量生产中,铣两平面分为两道工序,每道工序包括一个工步。

若在加工外圆 $\phi14_{-0.043}^{-0.016}$mm 时,余量分两次加工,一次是粗加工,一次是精加工,则它们是两个工步,因为工件的转速、进给量及背吃刀量都不相同,刀具也不同。

(三) 走刀

有些工步,由于加工余量较大或其他原因,需用同一刀具在切削用量不变的条件下,对同一表面进行多次切削,则刀具每一次切削称为一次走刀。例如,在车小外圆时,由于毛坯余量过大,必须分几次切削,若每次切削的工件转速、进给量及背吃刀量都相同(或背吃刀量大致相同),则切削一次就是一次走刀。

(四) 安装

工件在加工之前,使其在机床上或夹具中占据正确的位置并夹紧的过程称为安装。在单件小批生产中,工序1中有两次安装,工序2中有两次安装。在大批量生产中,工序1有一次安装。

从上可以看出当生产的批量不一样时,安排的工艺过程方案也不相同,即工序的划分和所用的刀具、机床等不同。那么,什么是生产类型?它对制定工艺过程有什么影响呢?

三、生产纲领和生产类型

(一) 生产纲领

根据国家计划(或市场需要)和本企业生产能力确定产品的年产量称为生产纲领。产品中某零件的生产纲领除规定的数量外,还包括一定的备品和平均废品率。零件的生产纲领按以下公式计算:

$$N = Qn(1+\alpha)(1+\beta)$$

式中　N——零件的生产纲领,件/年;
　　　Q——机器产品的年产量,台/年;
　　　n——每台机器产品中包含该零件的数量,件/台;
　　　α——该零件的备品百分率,%;
　　　β——该零件的废品百分率,%。

(二) 生产类型

在制定机械加工工艺规程时,一般按照零件的生产纲领,把零件划分为3种生产类型。

(1) 单件生产,是指单个地生产某一零件,很少重复,甚至完全不重复的生产。如新产品的试制或机修配件均属单件生产。

(2) 成批生产,是指成批地制造相同的零件,每相隔一段时间又重复生产,每批所制造的相同零件的数量称为批量。根据批量的多少又可分为小批生产、中批生产和大批生产。如机床制造就是成批生产类型。

(3) 大量生产,是指当同一产品的制造数量很多,在大多数工作地点,经常重复地进行一种零件某一工序的生产。如汽车、拖拉机、轴承均属这种生产类型。

由于小批生产与单件生产的工艺特点十分接近,大批生产与大量生产的工艺特点比较接近,因此实际生产中将它们相提并论。即单件小批生产和大批大量生产,而成批生产往往是指中批生产。生产类型的划分如表5-3所列。

表5-3　生产类型和生产纲领的关系

生产类型		同种零件生产纲领/(件/年)		
		轻型零件重 ≤100kg	中型零件重 100~200kg	重型零件重 >200kg
单件生产		100以下	20以下	5以下
成批生产	小批生产	100~500	20~200	5~100
	中批生产	500~5000	200~500	100~300
	大批生产	5000~50000	500~5000	300~1000
大量生产		50000以上	5000以上	1000以上

生产类型不同时,生产的组织、生产管理、车间布置、毛坯选择、设备选择、工装夹具的选择以及加工方法和对工人技术水平的要求均有所不同,所以设计工艺规程必须与生产类型相适应,从而取得最大的经济效果。各种生产类型的特征如表5-4所列。

表5-4 各种生产类型的特征

项目	单件小批生产	成批生产	大批大量生产
产品数量	少	中型	大量
加工零件	经常变换	周期性变换	固定不变
毛坯制造	采用木模造型和自由锻	采用金属模造型和模锻	采用金属模机械造型和高效模锻
机床	万能机床	万能机床和部分专用机床	广泛采用专用机床和组合机床
机床布置	按型号群式布置	按运输路线方向布置	按工艺规程的进程布置
刀具和量具	一般刀具和通用量具	专用刀具和专用量具	高效专用夹具和专用量具
夹具和辅助工具	通用夹具	专用夹具和特殊工具	高效专用夹具和特殊工具
零件加工方法	试切法加工	调整法加工	调整法加工和高效自动化加工
工人技术等级	高	中	一般
生产效率	低	中	高
工艺文件	简单编写工艺过程卡	详细编写工艺卡	详细编写工艺卡和工序卡

四、制定工艺规程的基本原则

在生产中,根据生产条件把最合适的工艺过程按一定的格式用文件的形式固定下来,作为生产的依据,称为工艺规程(或工艺卡)。

工艺规程一般包括以下内容:加工工件的路线和所经过的车间及工段;各工序的内容及采用的机床、刀具和工艺装备;工件的检验项目及方法;切削用量;工时定额及工人的技术等级等。当零件的合理工艺规程制定出来后,工厂和车间的每个干部、工程技术人员和工人都必须遵守这个工艺规程进行生产。只有这样才能优质、高产和低消耗地生产出产品。具体地说,工艺规程有下面几方面的作用。

(1) 工艺规程是指导生产的主要技术文件。工艺规程是在实践的基础上依照科学的理论制定出来的。只有根据工艺规程进行生产,才能做到各工序紧密配合、严格检查,从而保证产品质量。

(2) 工艺规程是生产管理和组织的工作依据。有了工艺规程,在产品投入生产之前,就可以根据它进行一系列准备工作。如原材料和毛坯的供应;机床准备和调查;工艺装备的设计和制造;作业计划的编排;劳动力的组织;生产技术力量的配备和成本核算等,使生产均衡而顺利进行。

(3) 工艺规程是新建和扩建厂或车间的基本技术文件。在设计新厂(车间)或扩建厂时,更需要有产品的全套工艺规程作为决定设备、人员、车间面积及投资额等的原始资料。

制定工艺规程应遵循以下原则

① 保证产品质量。在设计产品时,应根据产品的使用要求,提出主要性能要求,这些要求是通过零件的结构和精度实现的。因此,制定零件的工艺规程,应首先着眼于保证精度和表面粗糙度等技术要求,以保证质量。

② 提高劳动生产率和降低生产成本。在保证零件加工质量的前提下,应力求提高生产率,同时努力降低成本,提高经济效益。

③ 改善劳动条件。在允许的条件下,尽可能地采用先进的机械化和自动化技术,来减轻劳动强度,改善工人劳动条件。

五、制定工艺规程的原始资料

(1) 产品的整套装配图和零件图。
(2) 产品验收的质量标准。
(3) 产品的年产纲领和生产类型。
(4) 毛坯情况。工艺人员应熟悉毛坯车间(或工厂)的生产能力与技术水平;熟悉各种常用材料的品种规格,并根据产品图样审查毛坯材料的选择是否合理,从工艺的角度(如定位夹紧、加工余量及结构工艺性等)对毛坯制造提出要求。
(5) 工厂企业的设备、资金、生产人员技术素质及原材料来源等情况。
(6) 国内外生产技术的新动向、产品销路及同类产品的供销情况等。

六、制定工艺规程的步骤

工艺规程是组织生产的主要依据,是工厂的纲领性文件。因此,制定工艺规程应使生产切实可行。

(1) 对零件图进行工艺分析。
(2) 确定毛坯的种类和制造方法。
(3) 选择定位基准和拟定零件加工工艺路线。
(4) 确定加工余量、切削用量,计算工艺尺寸、公差及工时定额。
(5) 选择机床、工艺装备。
(6) 填写工艺文件。

第二节 零件的工艺分析

在制定工艺规程时,要了解零件的性能、用途、工作条件,对零件图进行工艺分析。也就是从工艺角度来分析研究零件的生产方法、零件的加工难易程度、工厂的生产条件等,具体的内容包括以下几个方面。

一、审查零件图样的完整性和正确性

检查零件图的视图、尺寸、公差、表面粗糙度值和技术条件等是否完整和合理。如果发现问题应加以修改。

二、审查零件的材料及热处理方案选择是否合理

检查零件的材料能否满足使用要求,热处理方案是否合理,材料的加工性能是否良好。如果发现问题应该考虑更换材料或找出解决问题的方法。

三、分析零件的技术要求

过高的精度、表面质量和其他技术要求会使工艺过程复杂、加工困难,应尽可能在满足

使用要求的前提下,减少加工量、简化工艺装备、缩短生产周期、降低生产成本。同时要审查零件的结构性是否良好,是否会给加工带来困难,尽可能做到在满足使用要求的前提下,简化结构,保证零件得到良好的结构工艺性。

总之,分析零件的技术要求是否合理,应从零件在机器中的功用、技术要求和结构等方面出发,分清零件的主要表面和次要表面,以及它们之间的互相关系,制定出关键工序来保证主要表面的质量。

第三节　毛坯的确定

毛坯的种类及质量对机械加工的质量、材料的节约、生产率的提高和成本的降低有着重要影响。在选择毛坯时,应以提高毛坯的质量,减少机械加工余量,提高材料的利用率,降低成本等为目的,但这样会使毛坯的制造成本提高。因此,毛坯的种类和制造方法与机械加工之间是相互影响的,应合理地选择毛坯的种类和质量。

一、毛坯的种类

（一）铸件

铸件的特点是形状复杂、适应能力强、力学性能较差、成本较低。所以应选择制作形状复杂、力学性能要求不高、质量要求不高的零件毛坯。如箱件、支座等。

（二）锻件

锻件主要分为自由锻件和模锻件。自由锻件成本低、力学性能好,但形状简单、质量不高、加工余量较大,主要用在要求力学性能较好的单件生产零件的毛坯。模锻件,力学性能较好、质量较高、形状较复杂,但模锻所用的模具成本较高,所以它适用于要求力学性能较高,大批量生产零件的毛坯。

（三）冲压件

冲压件在交通运输设备和农业机械设备中应用较多,很多是薄板冲压成形。如汽车罩壳、储油箱、机床防护罩等。冲压成形件一般不需切削加工,由于冲压要用模具,所以其常用在大批量生产中。

（四）型材

机械零件中采用型材的比重较大。通常使用的型材有圆钢、方钢、六角钢、角钢及槽钢等。例如轴类零件经常采用圆钢来进行机械加工。

二、毛坯的选择

（1）根据生产纲领来选择毛坯。大批量生产宜选用高生产率和高精度的毛坯制造方法,这样可减少机械加工的时间,从而提高生产率,如金属型铸造件、模锻件、冷轧与冷拉等型材。单件小批生产宜采用生产费用少的毛坯制造方法,如砂型铸造出的铸件、自由锻件和热轧型材等。

（2）根据零件的结构和外形来选择毛坯。形状复杂的毛坯常采用铸造方法制造。

(3) 根据零件的尺寸大小选择毛坯。对于尺寸很大的毛坯采用铸造方法和自由锻或焊接方法来制造；对于尺寸很小的零件采用模锻和型材制作毛坯。

(4) 根据零件的力学性能选择毛坯。当力学性能要求高时，采用锻件毛坯，否则，采用铸钢或型材毛坯。对于复杂的箱体、床身等零件则采用铸造毛坯。

(5) 根据本厂设备与技术条件选择毛坯。

(6) 充分利用新工艺、新技术、新材料，从而提高毛坯质量。例如精密铸造、精密锻造、粉末冶金和工程塑料都在迅速发展，应予以重视。

第四节 定位基准的选择

在机械加工中，无论采用哪种安装方法，都必须使工件在机床或夹具上正确地定位，以便保证被加工面的精度。

任何一个没受约束的物体，在空间都具有 6 个自由度，即沿 3 个互相垂直坐标轴的移动（用 $\vec{X}$、$\vec{Y}$、$\vec{Z}$ 表示）和绕这 3 个坐标轴的转动（用 $\widehat{X}$、$\widehat{Y}$、$\widehat{Z}$ 表示），如图 5-2 所示。因此，要使物体在空间占有确定的位置（即定位），就必须约束这 6 个自由度。

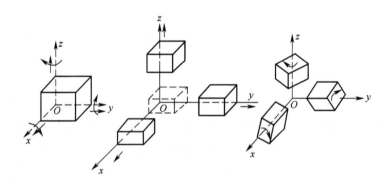

图 5-2 物体的 6 个自由度

一、工件的六点定位原理

在机械加工中，要完全确定工件的正确位置，必须有 6 个相应的支承点来限制工件的 6 个自由度，称为工件的"六点定位原理"。如图 5-3 所示，可以设想 6 个支承点分布在 3 个互相垂直的坐标平面内。其中 3 个支承点在 Oxy 平面上，限制 $\widehat{X}$、$\widehat{Y}$、和 $\vec{Z}$ 三个自由度；两个支承点在 Oxz 平面上，限制 $\vec{Y}$ 和 $\widehat{Z}$ 两个自由度；最后一个支承点在 Oyz 平面上，限制 $\vec{X}$ 一个自由度。

如图 5-4 所示，在铣床上铣削一批工件上的沟槽时，为了保证每次安装中工件的正确位置，保证 3 个加工尺寸 X、Y、Z，就必须限制 6 个自由度。这种情况称为完全定位。

有时，为保证工件的加工尺寸，并不需要完全限制 6 个自由度。如图 5-5 所示，图(a)为铣削一批工件的台阶面，为保证两个加工尺寸 Y 和 Z，只需限制 $\vec{Y}$、$\vec{Z}$、$\widehat{X}$、$\widehat{Y}$、$\widehat{Z}$ 五个自由度即可；图(b)为磨削一批工件的顶面，为保证一个加工尺寸 Z，仅需限制 $\widehat{X}$、$\widehat{Y}$、$\vec{Z}$ 三个自由度。这种没有完全限制 6 个自由度的定位，称为不完全定位。

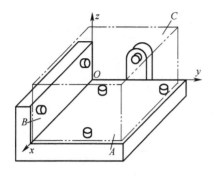

图 5-3 六点定位简图

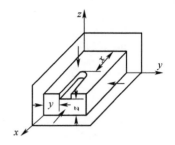

图 5-4 完全定位

有时,为了增加工件在加工时的刚度,或者为了传递切削运动和动力,可能在同一个自由度的方向上,有两个或更多的定位支承点。如图 5-6 所示,车削光轴的外圆时,若用前后顶尖及三爪卡盘(夹住工件较短的一段)安装,前后顶尖已限制了 $\vec{X}$、$\vec{Y}$、$\vec{Z}$、$\hat{Y}$、$\hat{Z}$ 五个自由度,而三爪卡盘又限制了 $\vec{Y}$、$\vec{Z}$ 两个自由度,这样在 $\vec{Y}$ 和 $\vec{Z}$ 两个自由度的方向上,定位点多于一个,这种情况称为超定位或过定位。由于三爪卡盘的夹紧力会使顶尖和工件变形,增加了加工误差,是不合理的,但这是传递运动和动力所需要的。若改用卡箍和拨盘带动工件旋转,就避免了超定位。

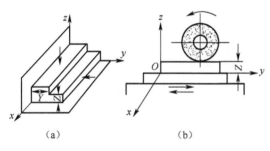

图 5-5 不完全定位

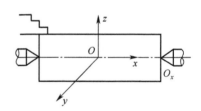

图 5-6 超定位

二、工件的基准

机械零件由若干个表面组成,这些表面之间的相对位置包括两方面的要求:一方面是表面间的位置尺寸精度;另一方面是相对位置精度。表面间的尺寸精度和位置精度要求是离不开参考依据的。如图 5-7(a)所示,轴套的端面 A 与端面 B 之间、端面 A 与端面 C 之间有尺寸精度的要求,是以端面 A 为参考依据的,轴套的小外圆以轴心线为参考依据,有径向圆跳动的要求。又如图 5-7(b)中表面 B 与表面 A 之间有平行度的要求,是以表面 A 为参考依据的;表面 C 与表面 D 之间有平行度的要求,是以表面 D 为参考依据的;孔的轴心线与表面 D 之间有垂直度的要求,是以表面 D 为参考依据的等。研究零件表面的相对位置关系离不开基准,不确定基准就无法确定表面的位置。

零件上用来确定其他点、线、面位置,所依据的点、线、面叫做基准。基准是测量和计算的起点和依据,因此,基准是研究机械制造精度的一个极其重要的问题。

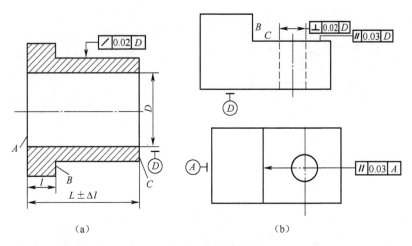

图 5-7 轴套与机体
(a) 轴套；(b) 机体。

根据作用和应用场合，基准一般分为设计基准和工艺基准两大类。基准的分类可用图 5-8 表示。

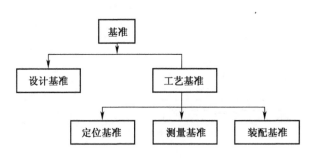

图 5-8 基准的分类

（一）设计基准

在零件图上用以确定其他点、线面位置的基准，称为设计基准。设计人员根据设计基准来标定或计算另一些点、线、面的尺寸或位置关系，如平行度、垂直度和同轴度等。它们可以是真实的点、线、面，也可以是虚设的，如中心线、等分线和中心点等都是虚设的设计基准。

如图 5-7(a) 中，孔的轴线是小外圆面的设计基准，即小外圆相对于孔的轴心线的径向圆跳动值不能超过 0.02mm；端面 A 是端面 B 的设计基准，端面 A 也是端面 C 的设计基准，端面 C 也是端面 A 的设计基准，它们互为设计基准。在图 5-7(b) 中，表面 A 是表面 B 的设计基准；表面 D 是表面 C 的设计基准。

（二）工艺基准

零件在加工、检验和装配过程中所使用的基准称为工艺基准。工艺基准按用途又分为定位基准、测量基准和装配基准。

(1) 定位基准。加工时用以确定工件相对于机床刀具正确位置的基准称为定位基准。例如，加工轴类工件时，两端的顶尖孔即为定位基准。在使用夹具时，其定位基准就是工件上与夹具定位元件相接触的表面。例如,图 5-7(b)中,加工机体孔时,是以底面 D 和侧面 A 定位的,则孔的加工定位基准就是底面 D 和侧面 A。

(2) 测量基准。用以检验已加工表面尺寸和位置时所依据的基准称为测量基准。一般情况下,应该用设计基准作为测量基准,但有时,测量不方便或不可能实现时,也可改用其他表面作为测量基准。

(3) 装配基准。装配时用来确定零件或部件在机器中的位置所采用的基准称为装配基准。例如轴类零件的轴颈齿轮零件的内孔和箱体的底面等是装配基准。

图 5-9 为曲轴上的各种基准。

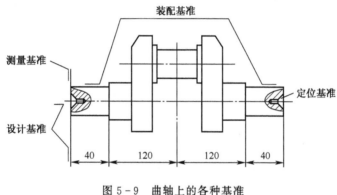

图 5-9 曲轴上的各种基准

三、定位基准的选择

设计基准是零件图上给定的,而定位基准可有几种不同的方案,选择得是否合理,直接影响加工表面间的尺寸精度和加工表面间的位置精度。所以定位基准的选择是机械加工中较重要的环节。

在零件机械加工第一个工序中只能选择未经加工的毛坯表面作为定位基准,这种定位表面称为粗基准。在以后的各个工序中就可用已加工过的表面作为定位基准,这种加工过的定位表面称为精基准。

(一) 粗基准的选择

如图 5-10 所示的联轴器零件毛坯,由于在铸造时造成了内孔 D_2(毛坯)与外圆 D_1 有偏心,所以在加工时如果用不需要加工的外圆 D_1 作为粗基准(即用三爪自定心卡盘夹住外圆 D_1)加工内孔 D_2(毛坯)和外圆 D_3 时,虽加工余量不均匀,但加工后的内孔 D_2、外圆 D_3 与不加工的外圆 D_1 是同轴的,即加工后的壁厚是均匀的。与之相反,如图 5-11 所示,若选用内孔 D_2 作为粗基准,即用四爪单动卡盘夹住外圆 D_1,并按内孔 D_2(毛坯)找正,内孔 D_2(毛坯)的加工余量是均匀的,但加工后内孔 D_2 与外圆 D_1 不同轴,即工件壁厚是不均匀的。

由此可见,粗基准的选择影响各加工表面的余量分配以及加工表面与不需要加工表面之间的相互位置,而且这两方面的要求是相互矛盾的。因此在选择粗基准时,必须首先搞清楚哪一方面的要求是主要的,这样,才能正确选择基准。

粗基准的选择应考虑以下原则:

(1) 以不需要加工,但与加工表面有较高的位置精度要求的表面作为粗基准。为了保证加工表面与不加工表面之间的相互要求,一般选择不加工表面为粗基准。如果在工件上有很多不加工表面,则应以其中与加工表面有相互位置要求较高的不加工表面作为粗基准。

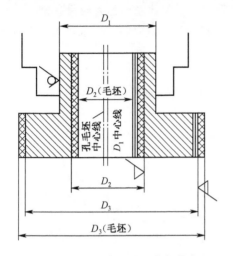

图 5-10 以不加工表面作粗基准

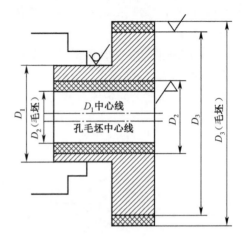

图 5-11 以加工表面作粗基准

图 5-10 所示零件中,外圆 D_1 为不加工表面,为保证镗孔后,孔 D_2 与外圆 D_1 的同轴度,应选择外圆 D_1 表面为粗基准。

(2) 应以要求加工余量小而均匀的表面作为粗基准,如车床导轨面的加工。因为车床导轨面是车床床身的主要表面,精度要求高,并且要求耐磨,在铸造床身毛坯时,导轨面向下放置,使其表面的组织细密均匀,没有气孔、夹砂等缺陷。因此加工时要求加工余量均匀,以便达到高的加工精度,同时切去的金属层应尽可能薄一些,以便留下一层组织紧密、耐磨的金属层。同时,导轨面又是车床上最长的表面,容易发生余量不均匀和余量不够的危险。如图 5-12 所示的定位方法,以床脚为粗基准,若导轨表面上的加工余量不均匀,则要切去的余量太多,不但影响加工精度,而且容易将比较耐磨的金属层切去,露出较疏松、不耐磨的金属组织。所以应用图 5-12(a) 的定位方法(以导轨面作粗基准加工车床床脚平面,再以床脚平面为精基准加工导轨面)来加工,导轨面的加工余量均匀,床脚上的加工余量不均匀不影响床身的加工。

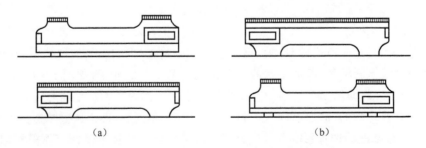

图 5-12 床身导轨面加工的两种定位方法的比较

(3) 用毛坯制造中尺寸、位置比较可靠及平整光洁的表面作为粗基准。这样可使加工后各表面对各不加工表面的尺寸要求、位置要求更容易符合图样要求。在铸件上不应选择浇冒口的表面、分模面和夹砂的表面作为粗基准。在锻件上不应选择有飞边的表面作为粗基准。

（4）一般情况下，同一尺寸方向上的粗基准只能使用一次，即不重复使用。因为粗基准的定位精度很低，所以在同一尺寸方向只使用一次，否则定位误差太大。因此在以后的工序中，都应使用已切削过的表面作为精基准。

（二）精基准的选择

精基准的选择，主要应考虑如何保证加工的尺寸精度和相互的位置精度，并且使工件安装方便、准确、可靠。精基准应遵守以下原则。

（1）基准重合。以设计基准为定位基准来避免基准不重合而引起的误差。

如图 5-13 所示主轴箱体，在镗床上加工主轴孔 Ⅰ 时，以其设计基准平面 A 和底侧面 B 作为定位的精基准（图 5-13(a)），用调整法加工能够符合基准重合的原则，不会产生基准不重合误差。

若以箱体顶平面 C 和两铸孔作为定位精基准（图 5-13(b)），用调整法加工，不符合基准重合的原则，会产生基准不重合误差。因为，用顶平面 C 作为精基准调整加工主轴孔 Ⅰ 时，要以顶平面 C 为测量基准，按尺寸 $h_2{}^{+\delta h_2}_{\ 0}$ 对刀（即夹具保证的尺寸是 $h_2{}^{+\delta h_2}_{\ 0}$，而零件图规定了加工要求的尺寸却是 $h_1{}^{+\delta h_1}_{\ 0}$）。可见，尺寸 $h_1{}^{+\delta h_1}_{\ 0}$ 是通过尺寸 $h_0^{+\delta h}$ 和尺寸 $h_2{}^{+\delta h_2}_{\ 0}$ 间接保证的。则这批主轴箱的尺寸 h_1 的变化为

$$\begin{cases} h_{1\max}=h_{\max}-h_{2\min} \\ h_1+\delta h_1=h+\delta h-h_2 \end{cases} \tag{1}$$

$$\begin{cases} h_{1\min}=h_{\min}-h_{2\max} \\ h_1=h-(h_2+\delta h_2) \end{cases} \tag{2}$$

由式（1）和式（2）得

$$\delta h_1=\delta h+\delta h_2$$

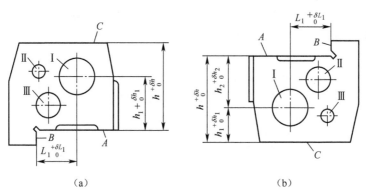

图 5-13 镗加工箱体主轴孔的两种定位方式

尺寸 $h_0^{+\delta h}$ 原来对孔 Ⅰ 的轴心线尺寸无关，但由于采用顶面 C 作为定位基准，使尺寸 h_1 的误差 δh_1 中引入了一个从定位基准到设计基准之间的尺寸 h 的误差 δh。这个误差就是基准不重合误差。因为它是在定位过程中产生的，所以称为定位误差。

设零件图中规定 $\delta h_1=0.3$，$\delta h=0.2$。若要采用底面 A 作为定位基准，直接获得尺寸 $h_1{}^{+\delta h_1}_{\ 0}$，则只要求加工误差在 0～0.3mm 范围之内。而基准不重合时，则有

$$\delta h_2 = \delta h_1 - \delta h = 0.3\text{mm} - 0.2\text{mm} = 0.1\text{mm}$$

尺寸 h_2 的误差必须在 $0\sim0.1$mm 范围之内,才能保证这批主轴箱尺寸 $h_{\ 0}^{+\delta h_1}$ 符合图样规定的要求。这就比基准重合时的情况提高了加工要求。

(2) 基准统一。应尽可能选用统一的定位基准加工各表面,以保证各表面间的相互位置精度,这称为基准统一。例如,在加工轴类零件时,采用中心孔定位作为精基准可以对许多不同直径的外圆表面进行加工(阶梯轴),以保证各外圆表面对轴心线的同轴度;齿轮以其内孔和端面作定位精基准分别进行齿坯和齿形加工等都应用基准统一的原则。采用基准统一原则有以下优点:

① 基准统一可以简化工艺过程,使各工序所用的夹具结构相同或相似,减少了设计和制造夹具的时间和费用。

② 由于基准统一,所以有可能在一次安装中加工较多的表面,从而减少安装时间,提高了生产率。

③ 由于基准统一,所以在一次安装中可加工出各个不同的表面,减少了安装次数,有利于提高各加工面的相互位置精度。

(3) 自为基准。某些精加工工序要求加工余量小而均匀,则应选择加工表面本身作为定位的精基准,称为自为基准。例如,磨削床身导轨面时,按导轨面本身找正定位;浮动铰刀孔;拉刀拉孔以及无心磨床磨削圆柱形工件都是以加工表面本身为定位精基准的。

(4) 互为基准。在一些相互位置精度要求很高的表面加工中,可以采用互为基准的加工方法。如车床主轴前端面内锥孔与主轴颈的同轴度要求很高,可先以轴颈定位加工内锥孔,然后再以内锥孔定位加工轴颈,如此反复进行,可达到很高的同轴度。

(5) 精基准的选择应便于工件的定位和夹紧并使夹具结构简单、操作方便。所选定位基准的面积与被加工表面相比,应有较大的长度和宽度,以保证定位和夹紧的可靠性,进而提高其加工的相互位置精度。

例如,图 5-14 的锻压机立柱铣削工序中的两种定位方案。底面与导轨面的尺寸之比为 $a:b=1:3$。若用已加工的底面为定位精准加工导轨面,假设安装时在底面处产生 0.1mm 的定位误差,则在导轨面上加工所得到的实际误差应为 0.3mm,如图 5-14(a)所示。如果先加工导轨面,然后以导轨面作为定位精基准加工底面,在同样的安装误差(0.1mm)条件下,在底面上加工所得到的误差约为 0.03mm,如图 5-14(b)所示。如此,装配时导轨的倾斜度前者为 0.3mm,后者为 0.1mm。

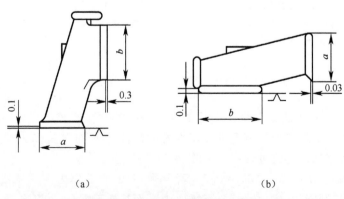

图 5-14 精基准面积大小的影响

第五节　工艺路线的拟定

工艺规程设计一般分为两步：第一步，拟定工艺路线（即工艺总体方案设计）；第二步，进行工序内容设计。拟定工艺路线是制定工艺规程中比较重要和比较复杂的问题之一。工艺路线拟定得是否合理直接影响到零件的加工质量、生产率和经济性等。所以它是制定工艺规程的关键一步。因此，要充分调查研究，拟定几个方案，进行分析比较，选定合理方案。

工艺路线的拟定主要考虑以下几方面：

(1) 加工方法的选择，可参看第三章。

(2) 加工阶段的划分，可参看第三章。

(3) 工序的集中与分散。工序集中是将较多的工步尽可能地集中到一个工序中，而使总的工序数目减少。工序集中的特点是可采用高生产效率的专用机床和工艺装备，大大提高生产率；可减少设备的数量，减少工序的数目，缩短加工时间，缩短生产周期，提高生产率，减少安装次数，保证各加工表面的相互位置，简化生产组织。工序分散正好相反，各个工序中的工步减少，工序数目相对增多。工序分散的特点是可用较简单的设备和工艺装备，对工人的技术要求不高。

综合以上特点，在单件小批生产时，为了简化生产计划，常采用工序集中，在通用机床上完成更多的表面加工，减少工序数目。在大批量生产时可采用工序分散，组织生产流水线。

(4) 加工顺序的安排。

(5) 加工余量的确定。

一、加工顺序的安排

(一) 切削加工工序

安排切削加工工序应满足下列原则：

(1) 先粗后精。先安排粗加工，中间安排半精加工，最后安排精加工和光整加工。

(2) 先主后次。先加工主要表面，然后再加工次要表面。主要表面是指装配表面、工作表面等。次要表面是指键槽、紧固用的光孔和螺孔等。因为一般次要表面加工工作量较少，而且又与主要表面有相互位置要求，所以放在主要表面加工之后、精加工或光整加工之前。

(3) 先基准后其他。加工一开始，总是先把基准面加工出来。因为，加工其他表面要以基准面定位，先加工它才能加工其他表面且加工精度更高。如果精基准面是多个，则应按照基准转换的次序和逐步提高加工精度的原则来安排基准面和主要表面的加工。例如加工轴类件时，常用中心孔作为统一定位基准。因此，每个加工段开始时总是先加工中心孔。又如，在加工平面轮廓尺寸较大的零件时，用平面定位比较稳定，所以常被选作定位精基准，总是先加工平面后加工孔。

(二) 热处理工序

热处理主要用来改变材料的性能及消除内应力。一般又分为预备热处理、去内应力处理、最终热处理。

(1) 预备热处理，主要是改善切削性能、清除毛坯制造时的内应力，一般安排在切削加工之前。例如，对于高碳钢，一般采用退火来降低硬度，对于低碳钢一般采用正火来提高材料的硬度。为此,需要把这些退火、正火放在切削加工之前。调质也可作为预备处理,但若以提高力学性能为主,调质应放在粗加工之后、精加工之前。

(2) 去内应力处理。退火和人工时效处理最好安排在粗加工之后、精加工之前。但为了避免过多的运输,对于精度要求不高的零件,一般把去除内应力的退火和人工时效放在毛坯进入机械加工车间之前(即切削加工之前)。对于精度要求特别高的零件(如精密丝杠),在粗加工和半精加工过程中要经过多次去内应力退火,在粗、精磨过程中还要经过多次人工时效。另外对于机床的床身、立柱等铸件,常在粗加工前以及粗加工后进行自然时效,消除内应力,使材料组织稳定,以后不再继续变形。

(3) 最终热处理。淬火+回火、渗碳安排在半精加工之后磨削加工之前。渗氮安排在粗磨和精磨之间。最终处理主要用于提高材料的强度和硬度。

(三) 辅助工序的安排

检验工序是主要的辅助工序,它是保证产品质量的主要措施。除了在每道工序的进行中,操作者都必须自行检验外,在下列情况下需要安排单独的检验工序:

(1) 粗加工阶段之后。
(2) 关键工序前后。
(3) 特种检验(磁力探伤、密封试验)之前。
(4) 从一个车间转到另一车间加工之前。
(5) 全部加工结束后。

除检验工序之外还要考虑安排去毛刺、倒棱边、清洗、涂防锈油等辅助工序。

二、加工余量的确定

(一) 加工余量的概念

加工余量一般分为加工总余量和工序间加工余量。零件由毛坯加工为成品,在加工面上所切金属的总厚度称为该表面的加工总余量。每个工序所切掉表面的金属厚度称为该表面的工序间加工余量。工序间加工余量又分为最小余量、最大余量和公称余量。

(1) 最小余量是指该工序切除金属层的最小厚度,对外表面而言,最小余量相当于上工序是最小工序尺寸,而本工序是最大尺寸的加工余量。

(2) 最大余量相当于上工序为最大尺寸,而本工序为最小尺寸的加工余量(这是对外表面而言,而内表面的上工序和本工序的尺寸大小正相反)。

(3) 公称余量是指该工序的最小余量加上上工序的公差。

图 5-15 为外表面加工顺序示意图。从图中可知:

$$Z = Z_{min} + \delta_1$$
$$Z_{max} = Z + \delta_2$$
$$= Z_{min} + \delta_1 + \delta_2$$

式中　Z——本工序的公称余量;
　　　Z_{min}——本工序的最小余量;
　　　Z_{max}——本工序的最大余量;
　　　δ_1——上工序的工序尺寸公差;
　　　δ_2——本工序的工序尺寸公差。

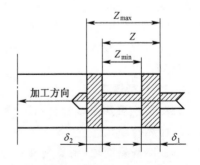

图 5-15　加工顺序示意图

但要注意,平面的余量是单边的,圆柱面的余量是两边的。余量是垂直于被加工表面来计算的。内表面(如孔)的加工余量,其概念与外表面相同。

由工艺人员手册查出的加工余量以及计算切削用量时所用的加工余量,都是指公称余量。在计算第一道工序的切削用量时应采用最大余量。总余量等于各工序公称余量的总和。总余量不包括最后一道工序的公差。

(二) 加工余量的确定

(1) 查表法。确定工序间公称余量是以大量的生产实践和实验数据为基础的,然后以表格的形式制定出工序间公称余量的标准,列入机械制造工艺手册。确定工序间公称余量时可以通过查表得到,此法应用较广。

(2) 经验法。此法是根据工艺人员的经验确定工序间公称余量的方法。经验法较简单,但在估计时,为了防止余量不足而产生废品,所以估计的余量偏大,此方法常用于单件小批生产。

(3) 计算法。根据影响加工余量因素,逐步计算出公称余量。此方法计算出的余量较精确,但由于影响因素较复杂的,难以获得准确数据,所以很少使用。

第六节 工件的安装和夹具

在进行机械加工时,把工件放在机床上,使它在夹紧之前就占有一个正确的位置,称为定位。在加工过程中,为了使工件能承受切削力,并保持其位置正确,还必须把它压紧或夹牢。从定位到夹紧的整个过程,称为安装。

一、工件的安装

工件安装的正确与否直接影响加工精度。安装是否方便和迅速会影响辅助时间的长短,从而影响加工的生产率。因此,工件的安装对于加工的经济性、质量和效率有着重要的作用,必须给予足够的重视。

在不同生产条件下加工时,工件可能有不同的安装方法,但归纳起来大致可以分为直接安装法和利用专用夹具安装法两类。

(一) 直接安装法

直接安装法是将工件直接安放在机床工作台或者通用夹具(如三爪卡盘、四爪卡盘、平口虎钳、电磁吸盘等标准附件)上。有时不需另行找正(即夹紧),例如利用三爪卡盘或电磁吸盘安装工件;有时则需要根据工件上某个表面或划线找正工件,再进行夹紧,例如在四爪卡盘或在机床工作台上安装工件。

用这种方法安装工件时,找正比较费时,且定位精度的高低主要取决于所用工具或仪表的精度,以及工人的技术水平,定位精度不易保证,生产率较低,所以通常仅适用于单件小批生产。

(二) 利用专用夹具安装法

利用专用夹具安装是将工件安装在为其加工专门设计和制造的夹具中,无需进行找正就可以迅速而可靠地保证工件对机床和刀具的正确相对位置,并可迅速夹紧。但由于夹具的设计、制造和维修需要一定的投资,所以只有在成批生产或大量生产中,才能取得比较好的效益。对于单件小批生产,当采用直接安装法难以保证加工精度,或非常费工时,也可以考虑采用专用夹具安装。例如,为了保证车床床头箱箱体各纵向孔的位置精度,在镗纵向孔时,若单靠人工找正,既费事,又很难保证精度要求,因此,有条件的话可考虑使用镗模夹具,如图5-16所示。

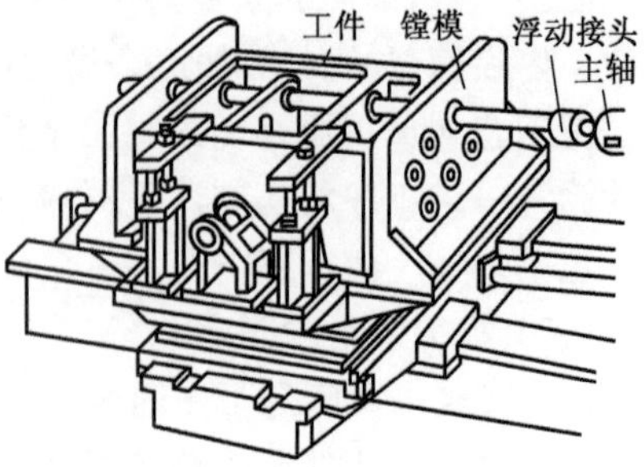

二、夹具简介

夹具是加工工件时,为完成某道工序,用来正确迅速安装工件的装置。它对保证加工精度、提高生产效率和减轻人工劳动量有很大作用。

图 5-16 用镗模镗孔

(一)夹具的种类

夹具一般按适用范围分类,有时也可按其他特征进行分类。按适用范围的不同,机床夹具通常可以分为通用夹具和专用夹具两大类。

(1)通用夹具是指结构已经标准化、有一定适用范围的夹具,这类夹具一般不需经过特殊调整就可以用于不同工件的装夹。它们的通用性较强,对于充分发挥机床的技术性能、扩大机床的使用范围起着重要作用。因此,有些通用夹具已成为机床的标准附件,随机床一起供应给用户。

(2)专用夹具是指为某一零件的加工而专门设计和制造的夹具,没有通用性。利用专用夹具加工工件,既可保证加工精度,又可提高生产效率。

此外,夹具还可以按夹紧力源的不同,分成手动夹具、气动夹具、电动夹具和液压夹具等。单件小批生产中主要使用手动夹具,而成批和大量生产中则广泛采用气动、电动或液压夹具等。

(二)夹具的主要组成部分

图 5-17 所示为在轴上钻孔所用的一种简单的专用夹具。钻孔时,工件4以外圆面定位在夹具的长V形块2上,以保证所钻孔的轴线与工件轴线垂直相交。轴的端面与夹具上的挡铁1接触,以保证所钻孔的轴线与工件端面的距离。

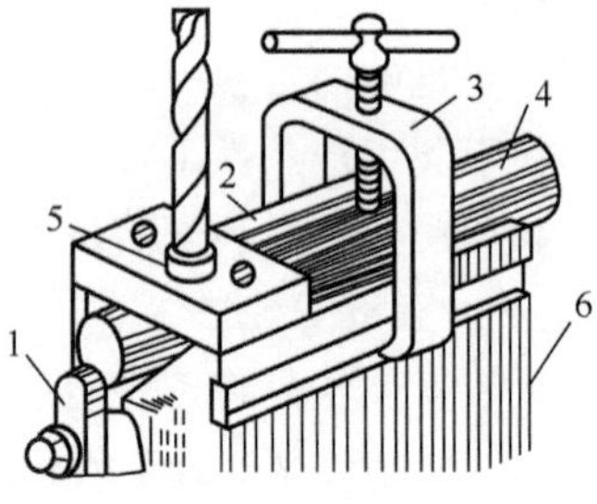

工件在夹具上定位之后,拧紧夹紧机构3的螺杆,将工件夹牢,即可开始钻孔。钻孔时,利用钻套5定位并引导钻头。

图 5-17 在轴上钻孔的夹具
1—挡铁;2—V形块;3—夹紧机构;
4—工件;5—钻套;6—夹具体

尽管夹具的用途和种类各不相同,结构也各异,但其主要组成与上例相似,可以概括为如下几个部分。

(1)定位元件。夹具上用来确定工件正确位置的零件称为定位元件,例如图5-17所示的V形块和挡铁。常用的定位元件还有平面定位用的支承钉和支承板(图5-18)、内孔定位用的心轴和定位销(图5-19)等。

(2)夹紧机构。工件定位后,将其夹紧以承受切削力等作用的机构称为夹紧机构。例如图 5-17 所示的螺杆和框架等,就是夹紧机构中的一种。常用的夹紧机构还有螺钉压板和偏心压板等(图 5-20)。

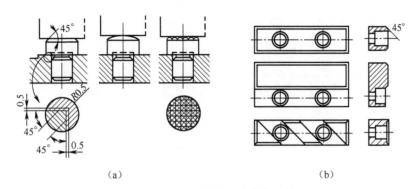

图 5-18 平面定位用的定位元件
(a) 支承钉；(b) 支承板。

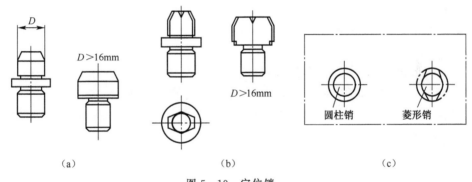

图 5-19 定位销
(a) 圆柱销；(b) 菱形销；(c) 应用示意图。

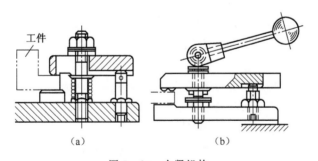

图 5-20 夹紧机构
(a) 螺钉压板；(b) 偏心压板。

(3) 导向元件。用来对刀和引导刀具进入正确加工位置的零件，称为导向元件，例如图 5-17 所示的钻套。其他导向元件还有导向套、对刀块等。钻套和导向套主要用在钻床夹具（习惯上称钻模）和镗床夹具（习惯上称镗模，如图 5-16 所示）上，对刀块主要用在铣床夹具上。

(4) 夹具体和其他部分。夹具体是夹具的基准零件，用它来连接并固定定位元件、夹紧机构和导向元件等，使之成为一个整体，并通过它将夹具安装在机床上。

根据加工工件的要求,有时还在夹具上设有分度机构、导向键、平衡铁和操作件等。

工件的加工精度在很大程度上取决于夹具的精度和结构,因此整个夹具及其零件都要具有足够的精度和刚度,并且结构要紧凑,形状要简单,装卸工件和清除切屑要方便等。

第七节 典型零件加工工艺实例

一、轴类零件的加工工艺

(一) 概述

1. 轴的功能与结构特点

轴类零件主要用来支承传动零件和传递转矩。轴类零件是回转体零件,其长度大于直径,一般由内外圆柱面、圆锥面、螺纹、花键及键槽等组成。

2. 轴的技术要求

(1) 尺寸精度及表面粗糙度。轴的尺寸精度主要指外圆的直径尺寸精度,一般为IT6~IT9,表面粗糙度值 Ra 为 $6.3\sim0.4\mu m$。

(2) 几何形状精度。轴颈的几何形状精度(圆度、圆柱度)应限制在直径公差范围之内。对几何形状精度要求较高时,应在零件图上规定其允许的偏差值。

(3) 相互位置精度。轴的相互位置精度主要有轴颈之间的同轴度、定位面与轴线的垂直度、键槽对轴的对称度等。

3. 轴的材料及热处理

对于不重要的轴,可采用普通碳素钢 Q235A、Q255A、Q275A 等,不经过热处理。

对于一般的轴,可采用优质碳素结构钢 35、40、45、50 等,并根据不同的工作条件进行不同的热处理(如正火、调质、淬火等),以获得一定的强度、韧性和耐磨性。

对于重要的轴,当精度、转速较高时,可采用合金结构钢 40Cr、轴承钢 GCr15、弹簧钢 65Mn 等进行调质和表面淬火处理,具有较高的综合力学性能和耐磨性能。

4. 轴的毛坯

对于光轴和直径相差不大的阶梯轴,一般采用圆钢作为毛坯。

对于直径相差较大的阶梯轴以及比较重要的轴,应采用锻件作为毛坯。其中大批大量生产采用模锻件,单件小批生产采用自由锻件。

对于某些大型的、结构复杂的异形轴,可采用球墨铸铁作为毛坯。

(二) 轴的加工过程

预备加工:包括校直、切断、端面加工和钻中心孔等。

粗车:粗车直径不同的外圆和端面。

热处理:对质量要求较高的轴,在粗车后应进行正火、调质等热处理。

精车:修研中心孔后精车外圆、端面及螺纹等。

其他工序:如铣键槽、花键、钻孔等。

热处理:耐磨部位的表面热处理。

磨削工序:修研中心孔后磨外圆、端面。

(三) 轴类零件的加工工艺过程举例

图 5-21 为某挖掘机减速器中间轴,在中批生产条件下制定该轴加工工艺过程。

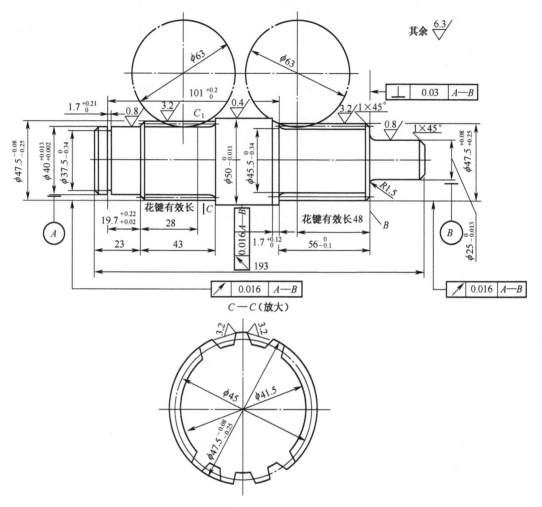

图 5-21 某挖掘机减速器中间轴简图

1. 零件各部分的技术要求

(1) 在轴中有花键的两段外圆轴径对轴线 A—B 的径向圆跳动的公差为 0.016mm,ϕ50h5 段轴径对轴线 A—B 的公差为 0.016mm,端面对轴 A—B 径向圆跳动的公差为 0.03mm。

(2) 零件材料为 20CrMnMo,渗碳淬火处理,渗碳层深度为 0.8~1.2mm,淬火硬度为 58~62HRC。

2. 工艺分析

此零件的各配合表面除本身有一定的精度和表面粗糙度要求外,对轴线还有径向圆跳动的要求。

根据各表面的具体要求,可采用如下的加工方案:

粗车→半精车→铣花键→热处理→磨削加工

3. 基准选择

在粗加工时,为提高生产率选用较大的切削用量,选一外圆面与一中心孔作为定位基准。

在精加工时,为保证各配合表面的位置精度,用轴两端的中心孔作为粗、精加工的定位基准。这样符合基准统一和基准重合的原则。为保证定位基准的精度和表面粗糙度,在精加工之前、热处理后应修整中心孔。

4. 工艺过程

该轴的毛坯为20CrMnMo钢料,在中批生产条件下,其工艺过程可按表5-5安排。

表5-5 某挖掘机减速器中间轴的加工工艺过程

序号	工序内容	工序草图	定位基准	机床设备
1	切割下料			锯床
2	热处理(调质)			热处理炉
3	铣两端面打顶尖孔		毛坯外圆	铣端面、打顶尖孔机床
4	粗车一端外圆 (1) 粗车 $\phi25$mm 轴径 (2) 粗车 $\phi47.5$mm 轴径 (3) 粗车 $\phi50$mm 轴径		一端外圆及顶尖孔	卧式车床
5	粗车另一端外圆 (1) 粗车 $\phi40$mm 轴径 (2) 粗车 $\phi47.5$mm 轴径 (3) 切长度 $101_{-0.1}^{0}$mm (4) 切长度 193mm		另一端外圆及顶尖孔	卧式车床
6	修整顶尖孔		外圆	卧式车床

续表

序号	工序内容	工序草图	定位基准	机床设备
7	精车一端外圆 (1) 精车 $\phi 40$ mm 轴径 (2) 精车 $\phi 47.5$ mm 轴径 (3) 精车 $\phi 50$ mm 轴径 (4) 切槽宽 $B=1.7^{+0.12}_{0}$ mm (5) 倒角	(工序草图：$\phi 50^{+0.2}_{+0.1}$，$\phi 47.5^{-0.08}_{-0.25}$，$\phi 40\pm 0$，$\phi 37.5^{0}_{-0.34}$，尺寸 35$^{0}_{-0.1}$、43$^{0}_{-0.1}$、23$^{0}_{-0.1}$，表面粗糙度 1.6)	一端外圆及顶尖孔	卧式车床
8	精车另一端外圆 (1) 精车 $\phi 25$ mm 外圆轴径 (2) 精车 $\phi 47.5$ mm 花键轴径 (3) 切各段长度 $l_1=56$ mm $l_2=36$ mm (4) 倒角	(工序草图：$\phi 45.5$，$\phi 47.5^{-0.08}_{-0.25}$，$\phi 25^{+0.2}_{+0.1}$，尺寸 35$^{0}_{-0.1}$、56$^{0}_{-0.1}$、36$^{0}_{-0.1}$)	一端外圆及顶尖孔	卧式车床
9	铣花键槽 (1) 铣左端花键底径 $\phi 41.5^{0}_{-0.1}$ mm (2) 铣右端花键底径 $\phi 41.5^{0}_{-0.1}$ mm	(工序草图：$\phi 63$ 滚刀，$\phi 41.5^{0}_{-0.1}$，$\phi 41.5$，尺寸 28、48)	两端顶尖孔	花键铣床
10	去毛刺			
11	中间检验			
12	热处理(渗碳淬火)			热处理炉
13	研磨顶尖孔			钻床
14	磨各轴径外圆 (1) 磨 $\phi 25^{0}_{-0.013}$ mm 轴径 (2) 磨 $\phi 40^{+0.013}_{+0.002}$ mm 轴径 (3) 磨 $\phi 50^{0}_{-0.011}$ mm 轴径	(工序草图：$\phi 40^{+0.013}_{+0.002}$，$\phi 50^{0}_{-0.011}$，$\phi 25^{0}_{-0.013}$，尺寸 56$^{0}_{-0.1}$，表面粗糙度 0.8、0.4)	两端顶尖孔	外圆磨床
15	清洗			
16	终检			

二、齿轮类零件的加工工艺

飞轮、齿轮、带轮都属于盘类零件,其加工过程较相似。为此我们以齿轮为例来分析这类零件的加工工艺。

(一) 齿轮零件的结构特点

虽然由于功能不同,齿轮具有各种不同的形状与尺寸,但从工艺上看仍可将其看成是由齿圈和轮体两部分构成。齿圈的结构形状和位置是评价齿轮结构工艺性的一项重要指标。如图5-22所示,单联齿轮圈齿轮(图5-22(a))的结构工艺性最好。双联与三联多齿圈齿轮(图5-22(b)、图5-22(c)),由于轮缘间的轴向距离较小,小齿圈不便于刀具或砂轮切削,因此加工方法受限制(一般只能选插齿加工)。当齿轮精度要求较高、需要剃齿或磨齿时,通常将多齿圈结构的齿轮看作单齿圈齿轮的组合结构。

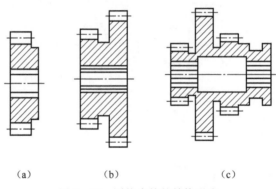

(a)　　(b)　　(c)

图 5-22　圆柱齿轮的结构形式

(二) 机械加工的一般工艺过程

加工一个精度较高的圆柱齿轮,大致要经过如下工艺路线:

毛坯制造及热处理→齿坯加工→齿形加工→齿端加工→轮齿热处理→定位面的精加工→齿形精加工。

1. 齿轮的材料及热处理

齿轮的材料及热处理对齿轮的加工性能和使用性能都有很大的影响,选择时要考虑齿轮的工作条件和失效形式。速度较高的齿轮传动,齿面易点蚀,应选用硬层较厚的高硬度材料;有冲击载荷的齿轮传动,轮齿易折断,应选用韧性较好的材料;低速重载的齿轮传动,齿既易折断又易磨损,应选用机械强度大、齿面硬度高的材料。当前生产中常用的材料及热处理方法如下所列。

(1) 中碳结构钢(如45钢)进行调质或表面淬火。这种钢经正火或调质热处理后,改善了金相组织,提高了材料的可加工性。但这种材料可淬透性较差,一般只用于齿面表面淬火。它常用于低速、轻载或中载的普通精度齿轮。

(2) 中碳合金结构钢(如40Cr)进行调质或表面淬火。这种材料经热处理后综合力学性能好、热处理变形小。适用于制造速度较高、载荷较大、精度高的齿轮。

(3) 渗碳钢(如20Cr、20CrMnTi等)经渗碳淬火,齿面硬度可达58~63HRC,而心部又有较好的韧性,既耐磨又能承受冲击载荷,这些材料适于制作高速、中载或具有冲击载荷的齿轮。

(4) 铸铁及其他非金属材料(如夹布胶木与尼龙等),这些材料强度低、容易加工,适用于制造轻载荷的传动齿轮。

2. 毛坯制造

齿轮毛坯的制造形式取决于齿轮的材料、结构形状、尺寸大小、使用条件及生产类型等因素。齿轮毛坯形式有棒料、锻件和铸件。

(1) 尺寸较小、结构简单而且对强度要求不高的钢制造齿轮可采用轧棒做毛坯。

(2) 强度、耐磨性和耐冲击要求较高的齿轮多采用锻件,生产批量小或尺寸大的齿轮采用自由锻造,批量较大的中小齿轮则采用模锻。

(3) 尺寸较大(直径大于400~600mm)且结构复杂的齿轮,常采用铸造方法制造毛坯。小尺寸而形状复杂的齿轮可以采用精密铸造或压铸方法制造毛坯。

3. 齿坯加工

齿形加工前的齿轮加工称为齿坯加工。齿坯的外圆、端面或内孔经常作为齿形加工、测量和装配的基准,所以齿坯的精度对于整个齿轮的精度有着重要的影响。另外,齿坯加工在齿轮加工总工时中占有较大比例,因此齿坯加工在整个齿轮加工中占有重要地位。

齿坯加工的主要内容:齿坯的孔加工(对于盘类、套类和圈形齿轮)、端面和顶尖孔加工(对于轴类齿轮)以及齿圈外圆和端面的加工。以下主要讨论盘类齿轮的齿坯加工过程。

齿坯的加工工艺方案主要取决于齿轮的轮体结构和生产类型。

大量加工中等尺寸齿坯时采用"钻→拉→多刀车"的工艺方案:

(1) 以毛坯外圆及端面定位进行钻孔或扩孔;

(2) 以端面支承进行拉孔;

(3) 以内孔定位在多刀半自动车床上粗车和精车外圆、端面、切槽及倒角等。

成批生产齿坯时,常采用"车→拉"的工艺方案:

(1) 以齿坯外圆或轮毂定位,粗车外圆、端面和内孔;

(2) 以端面支承拉出内孔(或花键孔);

(3) 以内孔定位精车外圆及端面等。

这种方案可由普通车床或转塔车床及拉床实现,它的特点是加工质量稳定,生产效率较高。

单件小批生产齿轮时,一般齿坯的孔、端面及外圆的粗、精加工都在通用车床上经两次安装完成,但必须注意将内孔和基准面的精加工放在一次安装内完成,以保证相互间的位置精度。

4. 齿形加工

齿形加工是整个齿轮加工的核心与关键。齿形加工方案的选择,主要取决于齿轮的精度等级、结构形状、生产类型、齿轮的热处理方法及生产工厂的现有条件,对于不同精度的齿轮,常用的齿形加工方案如下。

(1) 8级精度以下的齿轮。对于8级精度以下齿轮,调质齿轮用滚齿或插齿就能满足要求。对于淬硬齿轮可采用"滚(插)齿→齿端面加工→淬火→校正内孔"的加工方案,但在淬火前齿形加工精度应提高一级。

(2) 6~7级精度齿轮。对于齿面不需淬硬的6~7级精度齿轮,采用"滚(插)齿→齿端加工→剃齿"的加工方案;对于淬硬齿面的6~7级精度齿轮可采用"滚(插)齿→齿端加工→剃齿→表面淬火→校正基准→珩齿"的加工方案,这种加工方案生产率低,设备复杂,成本高,一般只用于单件小批生产。

(3) 5级以上精度的齿轮。对于5级以上高精度齿轮一般采用"粗滚齿→精滚齿→齿端加工→淬火校正基准→粗磨齿→精磨齿"的加工方案。

5. 齿端加工

齿轮的齿端加工方式有倒圆、倒尖、倒棱和去毛刺。经倒圆、倒尖、倒棱处理后的齿轮(如图5-23),在沿轴向移动时容易进入啮合。倒棱后齿端去除锐边,防止了在热处理时因应力集中而产生微裂纹。

齿端倒圆应用最广,图5-24为采用指状铣刀倒圆的原理图。

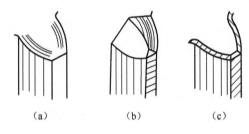

图5-23 齿端加工后的形状
(a) 倒圆;(b) 倒尖;(c) 倒棱。

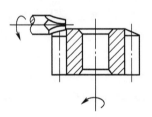

图5-24 齿端倒圆原理图

齿端加工必须安排在齿形淬火之前,通常在滚(插)齿之后进行。

6. 齿轮的热处理

齿轮的热处理可分为齿坯的预备热处理和齿轮的表面淬硬热处理。齿坯的热处理通常为正火和调质,正火一般安排在粗加工之前,调质则安排在齿坯加工之后。

为延长齿轮寿命,常常对轮齿进行表面淬硬热处理,根据齿轮材料与技术要求不同,常安排渗碳淬火和表面等热处理。

7. 精基准校正

轮齿淬火后其内孔常发生变形,内孔直径可缩小0.01~0.05mm,为确保齿形精加工质量,必须对基准孔加以修整。修整的方法一般采用推孔和磨孔。

8. 齿轮精加工

以磨过(修正后)的内孔定位,在磨齿机上磨齿面或在珩齿机上珩齿。

(三) 盘状圆柱齿轮加工工艺过程举例

盘状圆柱齿轮如图5-25所示。

1. 零件的技术要求

(1) 齿轮外径 $\phi64h8$ mm对孔 $\phi20H7$ mm轴线的径向圆跳动公差为0.025mm。

(2) 端面B对 $\phi20H7$ mm轴线的端面圆跳动公差为0.01mm。

(3) 轮齿的精度等级为7级;齿轮的模数 $m=2$,齿数 $z=30$;零件材料为HT200。

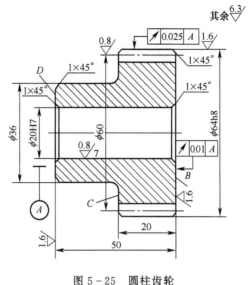

图 5-25 圆柱齿轮

(HT200,精度 7 级,模数 $m=2$,齿数 $z=30$)

2. 工艺分析

该零件属于单件小批生产,根据本身的尺寸要求,齿坯可采用"粗车→精车→钻孔→粗镗→半精镗→精镗"的工艺方案。

其轮齿加工可采用"滚齿→齿端加工→剃齿"的工艺方案。

3. 基准的选择

由零件各表面的位置精度要求可知,表面 $\phi 64h8$ mm、端面 B 都与孔 $\phi 20H7$ mm 轴线有位置精度的要求,要保证它们的位置精度,只要在一次装夹工件内完成 $\phi 64h8$ mm、端面 B 和孔 $\phi 20H7$ mm 轴线的精加工,所以要以 $\phi 36$ mm 孔外圆精度为基准,粗车大外圆、端面 B,精镗孔。

$\phi 36$ mm 外圆面要作为精基准,那就要以 $\phi 64h8$ mm 表面为粗基准来加工 $\phi 36$ mm 表面,所以加工这个零件的粗基准是 $\phi 64h8$ mm 外圆面。

轮齿的加工以端面 B 及内孔为基准。

4. 工艺过程

在单件小批生产中,该齿轮的工艺过程可按表 5-6 进行安排。

表 5-6 单件小批生产齿轮加工工艺过程

序号	工序名称	工 序 内 容	加 工 简 图	加工设备
1	铸	铸造、清理	$\phi 71$ 27 57 $\phi 43$	铸造设备

续表

序号	工序名称	工序内容	加工简图	加工设备
2	车	1. 粗车、半精车小头外圆面和端面 D、C 至 $\phi36mm \times 30mm$ 2. 倒角（小头） 3. 倒头粗车、半精车大头外圆面，端面 B 至 $\phi65mm \times 22mm$ 4. 钻孔至 $\phi18mm$ 5. 粗镗孔至 $\phi19mm$ 6. 精车大头外圆及端面 B，保证尺寸 $\phi64h8mm$，$50mm$ 及 $20mm$ 7. 半精镗孔，精镗孔至 $\phi20H7mm$		车床
3	滚	滚齿留余量 $0.03\sim0.05mm$		滚齿机
4	倒角	倒角 $1\times45°$	略	车床
5	剃	剃齿保证轮齿精度 7 级		剃齿机

三、套筒类零件的加工工艺过程

以 195Z 型柴油机上的调速套筒为例，说明制定套筒类零件的机械加工工艺过程方法。

图 5-26 为调速套筒的零件图,柴油机年产量为 20000 台。

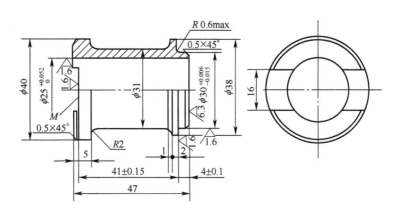

图 5-26　柴油机调速套筒

(一) 工艺分析

该零件要求较高的表面是孔中 $\phi25^{+0.052}_{0}$ mm、止口 $\phi30^{+0.006}_{-0.015}$ mm 和槽 16mm,这几个表面除对本身有一定的精度要求外,在相对位置上还有一定的要求。

孔 $\phi25^{+0.052}_{0}$ mm 可采用"钻→扩→铰"或通过"钻→拉"加工方案来达到。因现在是大批生产,从生产率和经济性考虑可用"钻→拉"的加工方案。

止口 $\phi30^{+0.006}_{-0.015}$ mm 可用车削或磨削加工,此处表面很短,只有 4mm,刀具磨损等误差很小,表面粗糙度要求不高,用车削比磨削更为方便经济。

为了保证 $\phi30^{+0.006}_{-0.015}$ mm 和 $\phi25^{+0.052}_{0}$ mm 的同轴度,先把孔加工好,然后以孔为基准来加工外圆。

槽 16mm 相对 $\phi25^{+0.052}_{0}$ mm 的位置精度要求,可以选用 $\phi25^{+0.052}_{0}$ mm 为基准加工槽来保证。

其他的外圆面、端面等都可以通过车削取得。

(二) 基准选择

为了保证 $\phi30^{+0.006}_{-0.015}$ mm 和 $\phi25^{+0.052}_{0}$ mm 的同轴度,以已加工好的孔 $\phi25^{+0.052}_{0}$ mm 作为精基准来加工 $\phi30^{+0.006}_{-0.015}$ mm 和其他外圆表面以及端面。

粗加工外圆时,如孔已经钻出,可以以孔作为基准,如钻孔与外圆粗加工在一道工序中进行,则夹持棒料外圆。

精加工孔时,用的是拉削加工,所以基准就是孔本身。

加工 16mm 的槽和 M 面时,用已加工好的 $\phi25^{+0.052}_{0}$ mm 作为基准来保证槽对 $\phi25^{+0.052}_{0}$ mm 的偏移量和 M 面对轴心线的垂直度要求。

(三) 工艺路线确定

该零件的毛坯用 $\phi44$mm×380mm 棒料可加工 7 件。在大批生产中,其工艺过程可按

89

表5-7进行安排。

表 5-7 调速套筒机械加工工艺规程

工序号	工种	工序内容	加工简图	设备
1	车	钻孔 $\phi23.7$mm,切断长 49mm		卧式车床
2	车	粗车外圆至 $\phi41$mm 粗车空位至 $\phi32$mm		卧式车床
3	热	调质 26~31HRC		
4	车	车一端面,倒角 $1\times45°$		卧式车床
5	拉	粗拉孔至 $\phi24.5$mm		卧式拉床
6	拉	精拉孔 $\phi25^{+0.052}_{0}$mm		卧式拉床
7	车	车 $\phi40$mm、$\phi38$mm,倒角 $0.5\times45°$		卧式车床
8	车	车空位,车两边及圆弧 $R2$mm		卧式车床

续表

工序号	工种	工序内容	加工简图	设备
9	车	粗车止口 $\phi 30.5$mm		卧式车床
10	车	精车止口 $\phi 30^{+0.006}_{-0.015}$mm 车端面总长 47mm 保证 4mm±0.1mm 倒角 0.5×45°		卧式车床
11	铣	铣槽 15.5mm，底面深 1.7mm		卧式铣床
12	热	M 面高频淬火，51～55HRC		
13	磨	磨槽 16mm，保证 41mm±0.15mm	槽16mm应对称于 $\phi 25^{+0.052}_{0}$mm 中心线，偏移公差 0.3mm，M 面对 $\phi 25^{+0.052}_{0}$mm 中心线，垂直度公差 0.25/100	万能工具磨床
14	钳	去毛刺		

复习思考题

1. 何谓工艺规程？它对组织生产有何作用？
2. 说明机械加工工艺规程设计应遵循的步骤和具备的原始资料。

3. 零件图的工艺分析的内容是什么？

4. 简述毛坯选择应遵循的原则。

5. 试述设计基准、工序基准、定位基准和装配基准的概念，举例说明它们之间的区别。

6. 粗、精基准选择的原则是什么？

7. 确定加工余量的方法有哪几种？

8. 加工轴类零件时，常以什么作为统一的精基准？为什么？

9. 如何保证套类零件外圆面、内孔及端面的位置精度？

10. 试分析图示零件的基准：

（1）如图 5-27 为小轴零件图及在车床顶尖间加工小端外圆及台肩面的工序图。试分析台肩面的设计基准、定位基准。

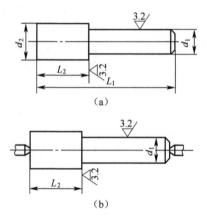

图 5-27 轴类件
(a) 零件图；(b) 工序图。

（2）如图 5-28 为铣削连杆一端的工序图。本工序要求：铣削连杆两端与杆身对称，并保证厚度为 39mm（尺寸 19.5mm 为前道工序保证）。试在图中指出加工连杆端面的定位基准。

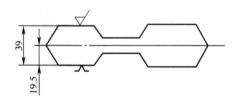

图 5-28 零件图

11. 在镗床上加工一套筒零件，如图 5-29 所示，在镗大孔以保证 $15_{-0.25}^{\ 0}$ mm 尺寸的工序中，以 A 面为工序基准，问工序尺寸 B 的基本尺寸及上下偏差应为多少？

12. 如图 5-30 所示零件，在镗 $D=1000_{\ 0}^{+0.3}$ mm 的内径后，再铣端面 A，得到要求尺寸为 $550_{-0.4}^{\ 0}$ mm，问工序尺寸 B 的基本尺寸及上下偏差是多少？

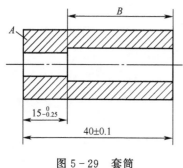

图 5-29 套筒

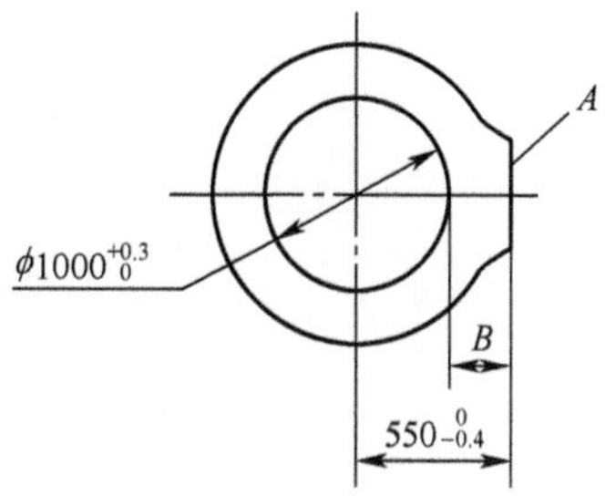

图 5-30 零件图

13. 如图 5-31 所示零件,成批生产时用端面 B 定位加工表面 A,以保证尺寸 $10_{\ 0}^{+0.2}$ mm,试标注铣此缺口时的工序尺寸及公差。

14. 如图 5-32 所示零件,生产成批为每月 100 件,试制定其加工工艺规程。

15. 如图 5-33 所示的法兰套,为小批生产,试制定其加工工艺规程。

16. 如图 5-34 所示为车床主轴箱齿轮,在小批生产条件下:

(1) 确定毛坯生产方法及热加工工艺;

(2) 制定出机械加工工艺规程。

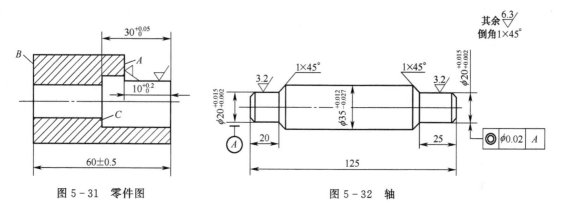

图 5-31 零件图

图 5-32 轴

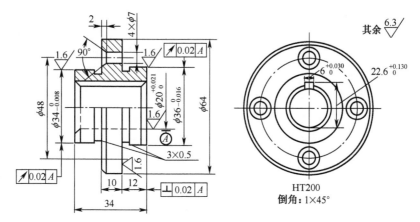

图 5-33 法兰套

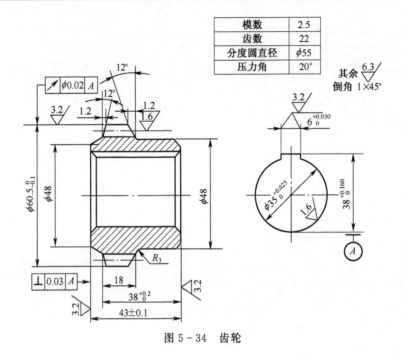

图 5-34 齿轮

第六章 数控加工技术与数控机床

第一节 数控加工技术

一、数控加工技术的起源

20世纪40年代,第二次世界大战使人们认识到了战争中"制空权"的重要性,由此刺激了各种新型军用飞机的研制开发。但先进飞机的设计涉及复杂的空气动力学模型计算,它的制造又与复杂曲线、曲面的加工技术密切相关,当时落后的计算工具和传统制造工艺的精度与工作效率已远远不能满足军事工业的迫切需求。

此时,以二进制算法为依托的电子计算机技术初露端倪,虽然与之相应的软、硬件水平还非常低,但它的出现使复杂计算的计算工具产生了划时代的变化,为快速、精确地进行曲线曲面参数设计计算提供了强有力的支持。与此同时,步进电动机的发明使运动的数字化控制有了可能,这样就可以利用电子计算机强大的运算功能去完成复杂的曲线、曲面数字化运动,这就是数控加工技术。

在战争机器的推动下,各国对数控技术的研究几乎不计成本。1952年美国PARSONS公司与麻省理工学院合作,宣称成功研制出世界第一台用电子管组成、以计算机为基础的数控铣床。我国也于1958年由清华大学(与北京第一机床厂合作)和哈尔滨工业大学(与齐齐哈尔第二机床厂合作)研制成中国第一台数控铣床。到20世纪60年代,世界各先进工业国家都已经能够定型生产多种数控机床产品,有些在规模和数量方面已经相当可观。

正因为数控加工技术是在战争机器的畸形推动下快速发展起来的,而且很快就出现了定型商品,这就使它比较顽固地"遗传"有早期低档电子计算机的痕迹,尤其在控制软件的基本构架方面存在与现代计算机软件水平很不相容的问题,从数控编程系统中至今仍然沿用的"GM代码"编程规则就可以明显感觉到这种影响,造成进行数控加工的加工程序编制功能单一、过程烦琐,学习掌握比较困难。

二、现代工业与数控加工技术

20世纪五六十年代,经济的发展对工业产品的质量和生产率提出了越来越高的要求。机械加工工艺过程的自动化不仅能够提高产品质量、提高生产率、降低生产成本,还能够极大地改善生产者的劳动条件。许多企业,诸如汽车、拖拉机、家用电器等制造厂商广泛采用了自动机床、组合机床和以专用机床为主体的自动生产线,采用多刀、多工位和多面同时加工的方式,进行单一产品零件的高效率和高度自动化的生产。尽管这种生产方式需要巨大的初始投资和很长的生产准备周期,但在大批量的生产条件下,由于分摊在每一个加工零件上的加工费用很少,经济效益仍然十分显著。

然而，对于航空、航天、船舶、机床、重型机械、食品加工机械、包装机械和军工等产品，它的加工批量一般较小，而且有时加工零件的形状比较复杂，精度要求也很高，还需要经常改型。此时，专用化程度很高的自动化加工机床就无法适应。

现代工业产品还面临着技术更新周期越来越短、要求投资资金运转的速度越来越快、物质和人力资源日益短缺的严峻考验，因此希望加工制造技术具备"零废品""零库存""快速响应"等传统自动化加工技术根本无法做到的特性。

在数控加工技术中，加工设备各运动部件的运动和加工中的各种操作都由计算机按预先设定的加工程序进行控制。从原则上讲，对于不同零件的加工，只要改变加工程序即可。因此数控加工技术具备很强的"柔性"，十分适应现代工业产品发展的需求。同时，在实施数控加工过程时，几乎所有工作过程完全由数控系统自动完成，操作人员基本上不需要进行任何干预，只要设备工作正常，生产过程就可以永远不间断地进行下去。这种基于完全无人为干预加工过程的工作模式，能够基本保证"零废品"的目标。

鉴于以上数控加工的特点，在组建现代生产企业时，相当多有远见的投资者往往都很看重数控设备的拥有量，即使产品的形状并不太复杂、精度要求也不很高时也是如此。所以，在现代工业发展进程中，大量应用数控加工技术的目的已经从只是解决高精度、形状复杂零件的加工，延伸到了确保无与伦比的高产出率和高效益，以及极其稳定而一致的产品质量范畴，使数控加工技术发展前景越来越广阔。

三、数控加工的程序编制

（一）传统加工工艺与数控加工程序

用普通机床加工零件时，应由工艺人员制定零件的加工工艺规程，规定加工的工艺顺序、所用切削参数和机床、刀具、夹具以及其他必要的操作步骤等，操作人员需要严格按工艺规程进行加工，获得合格零件。

在进行数控加工时，通过"数控加工程序"的方式使数控系统及机床实施与加工工艺规程相对应的内容。实际上，"数控加工程序"就相当于计算机上的"算法语言"或可编程序控制器（PLC）中的"梯形图"。

与其他计算机应用软件不同，数控加工程序编制所规定的"GM 代码"编程规则指令格式落后，只能死记硬背；指令所能执行的功能单一、智能化程度低，造成程序冗长、编制中容易出错。更为麻烦的是，虽然国际上对于"GM 代码"编程规则已经有了标准，但各生产数控系统的厂商仍然"各行其是"，每种系统都有自己的规则，甚至同一型号、不同年代出产的控制系统也存在一些差别，给使用者造成很多困难。

（二）GM 代码

我国关于 GM 代码定义的标准是 JB 3208—82，其具体内容见表 6-1 和表 6-2。到目前为止，国际上仍然没有比较一致的编程标准，甚至一个厂商的数控编程规则也在不断改变，因此附表中的代码含义仅供参考。

所谓 GM 代码制，它们的指令主要由英文字母 G、M 及后面紧跟着的两位阿拉伯数字构成，其中 G 代码称之为准备功能，M 代码称之为辅助功能。但它们还没有包括数控程序的全部指令，其他还有与表述运动尺寸参数、表述主轴转速和进给量、表述换刀操作要求、表述程序号和程序段编号等各种与具体加工过程相关的指令，构成比较繁杂的数控加工指令系统。

表 6-1 准备功能 G 代码

代码 (1)	功能保持到被取消或被同样字母表示的程序指令所代替 (2)	功能仅在所出现的程序段内有作用 (3)	功 能 (4)	代码 (1)	功能保持到被取消或被同样字母表示的程序指令所代替 (2)	功能仅在所出现的程序段内有作用 (3)	功 能 (4)
G00	a		点定位	G50	#(d)	#	刀具偏置 0/−
G01	a		直线插补	G51	#(d)	#	刀具偏置 +/0
G02	a		顺时针方向圆弧插补	G52	#(d)	#	刀具偏置 −/0
G03	a		逆时针方向圆弧插补	G53	f		直线偏移,注销
G04		*	暂停	G54	f		直线偏移 x
G05	#	#	不指定	G55	f		直线偏移 y
G06	a		抛物线插补	G56	f		直线偏移 z
G07	#	#	不指定	G57	f		直线偏移 xy
G08		*	加速	G58	f		直线偏移 xz
G09		*	减速	G59	f		直线偏移 yz
G10~G16	#	#	不指定	G60	h		准备定位 1(精)
G17	c		xy 平面选择	G61	h		准备定位 2(中)
G18	c		zx 平面选择	G62	h		快速定位(粗)
G19	c		yz 平面选择	G63		#	攻螺纹
G20~G32	#	#	不指定	G64~G67	#	#	不指定
G33	a		螺纹切削,等螺距	G68	#(d)	#	刀具偏置,内角
G34	a		螺纹切削,增螺距	G69	#(d)	#	刀具偏置,外角
G35	a		螺纹切削,减螺距	G70~G79	#	#	不指定
G36~G39	#	#	永不指定	G80	e		固定循环注销
G40	d		刀具补偿/刀具偏置注销	G81~G89	e		固定循环
G41	d		刀具补偿—左	G90	j		绝对尺寸
G42	d		刀具补偿—右	G91	j		增量尺寸
G43	#(d)	#	刀具偏置—正	G92		#	预置寄存
G44	#(d)	#	刀具偏置—负	G93	k		时间倒数,进给率
G45	#(d)	#	刀具偏置 +/+	G94	k		每分钟进给
G46	#(d)	#	刀具偏置 +/−	G95	k		主轴每转进给
G47	#(d)	#	刀具偏置 −/−	G96	I		恒线速度
G48	#(d)	#	刀具偏置 −/+	G97	I		每分钟转数(主轴)
G49	#(d)	#	刀具偏置 0/+	G98~G99	#	#	不指定

注:1. #号表示如选作特殊用途,必须在程序格式说明中说明;
2. 如在直线切削控制中没有刀具补偿,则 G43 到 G52 可指定作其他用途;
3. 在表中左栏括号中的字母(d)表示可以被同栏中没有括号的字母 d 所注销或代替,亦可被有括号的字母(d)所注销或代替;
4. G45~G52 的功能可用于机床上任意两个预定的坐标;
5. 控制机上没有 G53~G59 和 G63 功能时,可以指定作其他用途。

表 6-2 辅助功能 M 代码

代码 (1)	功能开始时间		功能保持到被注销或被适当程序指令代替 (4)	功能仅在所出现的程序段内有作用 (5)	功 能 (6)
	与程序段指令运动同时开始 (2)	在程序段指令运动完成后开始 (3)			
M00		∗		∗	程序停止
M01		∗		∗	计划停止
M02		∗		∗	程序结束
M03	∗		∗		主轴顺时针方向
M04	∗		∗		主轴逆时针方向
M05		∗	∗		主轴停止
M06	#	#		∗	换刀
M07	∗		∗		2号切削液开
M08	∗		∗		1号切削液开
M09		∗	∗		切削液关
M10	#	#	∗		夹紧
M11	#	#	∗		松开
M12	#	#	#	#	不指定
M13	∗		∗		主轴顺时针方向,切削液开
M14	∗		∗		主轴逆时针方向,切削液开
M15	∗			∗	正运动
M16	∗			∗	负运动
M17~M18	#	#	#	#	不指定
M19		∗	∗		主轴定向停止
M20~M29	#	#	#	#	永不指定
M30		∗		∗	纸带结束
M31	#	#		∗	互锁旁路
M32~M35	#	#	#	#	不指定
M36	∗		#		进给范围1
M37	∗		#		进给范围2
M38	∗		#		主轴速度范围1
M39	∗		#		主轴速度范围2
M40~M45	#	#	#	#	如有需要作为齿轮换挡,此外不指定
M46~M47	#	#	#	#	不指定
M48		∗	∗		注销 M49
M49	∗		#		进给率修正旁路
M50	∗		#		3号切削液开

续表

代码 (1)	功能开始时间		功能保持到被注销或被适当程序指令代替 (4)	功能仅在所出现的程序段内有作用 (5)	功 能 (6)
	与程序段指令运动同时开始 (2)	在程序段指令运动完成后开始 (3)			
M51	*		#		4号切削液开
M52~M54	#	#	#	#	不指定
M55	*		#		刀具直线位移,位置1
M56	*		#		刀具直线位移,位置2
M57~M59	#	#	#	#	不指定
M60		*		*	更换工件
M61	*		#		工件直线位移,位置1
M62	*		#		工件直线位移,位置2
M63~M70	#	#	#	#	不指定
M71	*		*		工件角度位移,位置1
M72	*		*		工件角度位移,位置2
M73~M89	#	#	#	#	不指定
M90~M99	#	#	#	#	永不指定

注:1. #号表示如选作特殊用途,必须在程序说明中说明;

2. M90~M99 可指定为特殊用途。

G 代码是使机床建立起某种工作方式的指令,如命令机床按直线或圆弧轨迹运动、刀具半径和长度补偿、固定循环运动等。G 代码是数控加工程序中实现正确刀具加工轨迹的主要代码。

M 代码是控制机床某一辅助动作通-断的指令,如主轴的开、停,冷却液泵的开、关,转位部件的夹紧、松开等。M 代码还包含对程序的运行进行控制的相关指令。

除 GM 代码指令外,其他一些指令字符的含义包括:

① 程序号 O、P 或符号"％"后加 2~4 位数字,作为具体加工程序的标记,以便进行方便地存储和调用。

② 程序段编号 N 后加 2~4 位数字。

③ 尺寸字 X、Y、Z、U、V、W、I、J、K、R、A、B、C 后加尺寸值数字。

④ 进给速度功能字 F 后加相应进给量数值。

⑤ 主轴转速功能字 S 后加相应的主轴转速数值。

⑥ 刀具功能字 T 后加对应的刀具编号。

⑦ 程序段结束符";"或"＊"。在穿孔纸带和键盘上,对应 ISO 标准的键是 LF 或 NL,对应 EIA 标准的键是 CR。

与其他计算机程序一样,数控加工程序也有十分严格的书写规则。

(三)编制数控加工程序举例

以下列举几个在 FANUC OT(数控车)和 FANUC OM(数控铣)系统上实际应用的具体加工程序说明编程时各个加工指令的用途。

(1) 数控车削。图 6-1 所示为一个比较典型的、可以在数控车床上进行车削的工件与刀具

的图形。若以该工件左端面中心点为数控精加工坐标原点,其精加工程序及对应的功能如下:

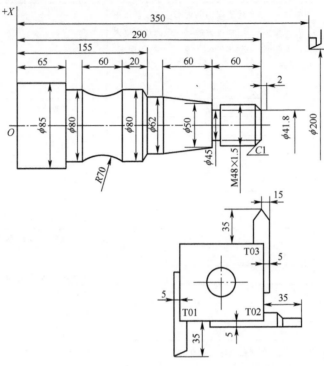

图 6-1 典型数控车削工件与刀具的图形

数控加工程序	程序实现的功能
N0010 G50 X200. Z350. T0101;	确定车刀刀尖加工起始点所在的坐标位置,刀架转到 T01 刀位,计入 01 号刀具补偿
N0020 M03 S630;	主轴以 630r/min 速度正转启动
N0030 G00 X41.8 Z292. M08;	刀架快速进至直径 41.8mm、轴向 292mm 处,切削液泵开启
N0040 G01 X47.8 Z289. F0.15;	以进给量 0.15mm/r 车出倒角
N0050 Z230.;	车 M48 外圆
N0060 X50.;	车端面至直径 50.0mm
N0070 X62. W-60.;	车圆锥面至直径 62mm,轴向左移 60mm
N0090 Z155.;	车直径 62mm 外圆
N0100 X78.;	车端面至直径 78mm
N0110 X80. W1.;	车倒角
N0120 W-19.;	车直径 80mm 外圆
N0130 G02 X80. W-60. R70.;	车 R70 圆弧面
N0140 G01 Z65.;	车直径 80mm 外圆
N0150 X90.;	车端面至直径 90mm
N0160 G00 X200. Z350. T0100 M09;	退回起始点,取消刀具补偿,切削液泵关

程序	说明
N0170 M06 T0202；	刀架转到 T02 刀位,计入 02 号刀具补偿
N0180 M03 S315；	主轴以 315r/min 速度正转启动
N0190 G00 X51. Z230. M08；	刀架快速进到直径 51mm、轴向 230mm 处
N0200 G01 X45. F0.16；	以进给量 0.15mm/r 切出螺纹退刀槽
N0210 G04 U5；	刀具在进给终点停留 5s
N0220 G00 X51.；	快速退出到直径 51mm
N0230 X200. Z350. T0200 M09；	退回起始点,取消刀具补偿,切削液泵关
N0240 M06 T0303；	刀架转到 T03 刀位,计入 03 号刀具补偿
N0250 S200 M03；	主轴以 200r/min 速度正转启动
N0260 G00 X62. Z296. M08；	刀架快速进到直径 62mm 轴向 296mm 处
N0270 G92 X47.54 Z231.5 P1.5；	进入螺纹切削循环,导程 1.5mm,第一次切至直径 47.54mm
N0280 X46.94；	第二次切至直径 46.94mm
N0290 X46.54；	第三次切至直径 46.54mm
N0300 X46.38；	第四次切至直径 46.38mm
N0310 G00 X200. Z350. T0300 M09；	退回起始点,取消刀具补偿,切削液泵关
N0320 M05 M30；	主轴停车,程序停止并返回程序起点

(2) 数控铣削。图 6-2 为一个比较典型的可以在数控铣床上进行加工的工序与铣刀位置图形。编程中工件的坐标原点为图中 O 点,铣刀轴心在切削过程中的移动轨迹如图中点画线所示。其加工程序及对应的功能如下:

程序	说明
N0010 G90 G54 G17；	以绝对坐标尺寸方式编程,以 G54 所规定的原点为该程序现在的编程原点,以 XY 平面为曲线的插补平面
N0020 M03 S600；	铣刀主轴以 600r/min 速度正转启动
N0030 G00 Z300.；	确定铣刀高度起始位置
N0040 X-50. Y-50.；	确定铣刀轴线加工起始点所在的坐标位置
N0050 Z1.；	铣刀快速接近到工件表面上 1mm 处
N0060 G43 G00 H12；	设定刀具长度补偿
N0070 G01 Z-40. F300；	铣刀以 300mm/min 进给速度切下至 40mm 厚度
N0080 G42 G01 X-30. Y0 D22；	以逆铣方式进入准备切削位置,刀具半径补偿 D22
N0090 X100.；	铣 100mm 长水平直线
N0100 G02 X300. R100.；	铣 $R100$ 顺时针内凹圆弧
N0110 G01 X400；	铣另一 100mm 长水平直线
N0120 Y300.；	铣右面 300mm 长垂直直线
N0130 G03 X0 R200.；	铣 $R200$ 逆时针外圆弧
N0140 G01 Y-30；	铣左面 300mm 长垂直直线
N0150 G00 Z300.；	退到 Z 坐标起始点

N0160 G40 G49;　　　　　　　　　撤销长度补偿,撤销刀具半径补偿
N0170 X-50. Y-50.;　　　　　　　 退到XY坐标起始点
N0180 M05 M30;　　　　　　　　　 主轴停车,程序停止并返回程序起点

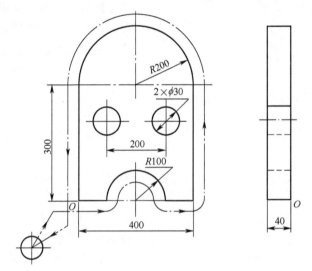

图6-2　在数控铣床上加工的工件与铣刀位置

第二节　数控加工机床

一、数控机床的构成

数控机床与传统机床在结构上有很大差别,数控机床的工作过程是将加工零件的几何信息和工艺信息进行数字化处理,即对所有机床操作(如机床的起动或停止、主轴的变速、工件的夹紧或松开、刀具的选择和交换、切削液的开或关等)、刀具与工件之间的相对运动以及各种加工参数都用数字化的代码表示,机床按各种代码组成的程序指令运转,人对机床的操纵是通过加工程序来实现的。因此,数控机床的组成和操作更接近于计算机控制下的机器人。图6-3是数控机床构成的原理框图。

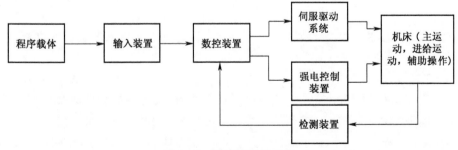

图6-3　数控机床的构成

操作者将编制好的零件数控加工程序录入穿孔带、磁盘、光盘等程序载体或直接通过手工及计算机输入数控系统的计算机中进行运算和处理,然后通过伺服驱动系统驱动机床的各

个部件,从而实现自动加工。一般情况下,机床各部件的实际运动信息都将通过运动检测装置返回到数控系统中,以保证运动实现的精确性。

二、数控机床的特点

(一) 特点

与普通机床相比,除进给部分采用伺服电动机组成伺服单元,由数控装置运行数控加工程序进行自动控制外,数控机床的外部造型、整体布局、机械传动系统与刀具系统的部件结构以及操作机构等方面都发生了很大的变化。这种变化的目的是为了满足数控技术的要求和充分发挥数控机床的优越性。

归纳起来,数控机床大致有以下特点:
(1) 采用了高性能主轴部件和传动系统,传动链短,结构简单。
(2) 机械结构具有高刚度、耐磨、精度保持性好等较优异性能。
(3) 采用如滚珠丝杠、滚动导轨、减摩导轨和静压导轨等高效率传动部件。
(4) 整体结构和布局都体现高速度、高效率等现代工业的特色。

(二) 国产数控机床举例

(1) 图 6-4 是北京机床研究所 20 世纪 80 年代生产的 JCS018 立式加工中心机床。它的主轴用直流伺服电动机通过多楔带减速后驱动,由伺服系统调速,最高转速为 2400r/min。进给系统的运动最小分辨单位是 0.001mm,工作台最高快速进给速度为 20m/min。刀库可容纳 16 把刀。数控系统为日本的 FANUC7CM,纸带或键盘程序输入。该机床采用了滚珠丝杠、贴塑减摩导轨、直流伺服电动机等当时比较先进的单元部件和结构。

(2) 图 6-5 为国产 HM-077 卧式数控车床的外形结构。从图中可见,其总体布局与传统车床有很大的不同,数控车床的床身为斜向后壁式布置,安装车刀的刀架安排在主轴的上方,尾架的安装面也在后壁上。如此布局使数控车床面向操作者方向具有完全开放的空间,十分有利于工件的快速装卸,而且机床的下部也完全敞开,切削过程中产生的大量切屑和冷却液也能够毫无阻碍地排到切屑收集装置,很快地输送到集屑筒内。

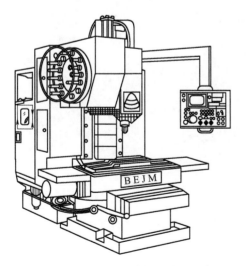

图 6-4 JCS018 立式加工中心机床

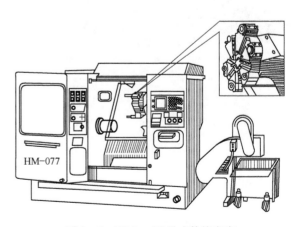

图 6-5 HM-077 卧式数控车床

三、数控机床的发展

(一) 发展趋势

从总体来看,数控机床正在向高速化、高精度化和高智能化方向发展。近年来各种展会展示的产品中,主轴转速达10000r/min甚至更高的数控机床已经不在少数,铣床和加工中心工作台快速进给的速度一般都超过了40m/min,最高甚至可达100m/min。在加工精度方面,运动部件移动的重复定位精度都能够达到微米级,相当数量机床的运动分辨率已经开始朝0.1μm及更细微的方向努力。各种功能优异并且使用掌握越来越简单的CAD/CAM软件的开发,使数控加工程序的编制过程变得越来越简单和方便,数控机床的运行智能化程度也在不断提高。

(二) 国外先进数控机床举例

(1) 图6-6和图6-7为2002年德国德马吉(DMG)公司上海生产基地发布的两台卧式加工中心产品(去除了外部装饰罩壳后的内部结构图片)。它们的主轴最高转速可达12000~18000r/min,工作台的最高快速进给速度为80~100m/min,刀库的换刀时间只有1.6s,数控系统已经完全计算机化,加工程序可通过计算机接口从自动编程计算机直接输入控制系统,而且还能够在系统屏幕上实时地监测整个数控加工过程。从图中还可以看到,为了最大限度地发挥数控机床产品的工作效率,机床各部件的形状和位置都完全按刚性最好、精度保持时间最长、有效工作空间最大、换刀时间最短等一系列高效工作原则进行设计。机床外部形象的装卸则依靠外部的罩壳去完成,这也符合数控加工设备必须用全封闭的罩壳覆盖以防止切屑、冷却液的飞溅和保证操作者安全的特点。

图6-6　DMG50H 卧式加工中心　　　　图6-7　DMG63H 卧式加工中心

(2) 图6-8是日本TSUGAMI公司出品的BS12/18精密数控自动车床(车削中心),该产品在总体布局和具体结构方面都有十分独到的设计。该机床以冷拔圆棒料为毛坯,其立柱式数控刀架滑台能够做横向和垂直方向的运动,在滑台的垂直方向上可安装多把横切刀具,通过滑台的垂直移动实现换刀或刀具的切向切入运动。刀具的横切位移由滑台的横向运动实现。这种立柱式数控刀架滑台的结构刚性很大,滑台上不仅几乎可以无限制地安装(只要有足够的空间)各类刀具,甚至还可以配置小型钻、铣动力头附件,与可实现回转分度的主轴配合,对工件进行侧面钻孔、铣小平面等加工。该机床还在相当于一般车床尾架的位置上设置了一个带动力的"背面主轴"及相应的背面主轴立柱式数控刀架滑台。该背面主轴可以进行精确的轴向和水平径向运动。设置背面主轴使机床的加工功能有了很大的扩展:在背面主轴上安装钻头、丝锥、板牙等刀具,通过轴向运动就可以进行钻孔、攻螺纹孔、套外螺纹等加工;装上小立铣刀,通过水平径向运动,便可以铣削工件尾端的小槽;当工件需要加工的长度很长时,可在工件尾端先加工一段圆柱,然后用处在同轴线的背面主轴夹住尾端拉出工件至要求的长度,此后主轴也夹紧棒料,两根主轴一起同步回转,使工件在轴向被拉紧、两端同步驱动的状态下进行长轴加工;背面主轴还可以在零件一端加工完成时将工件接过去实施另一端的加工。有了背面主轴之后,几乎所有工件都可以在一台机床上一次完成它的全部加工工序,达到极高的生产效率。

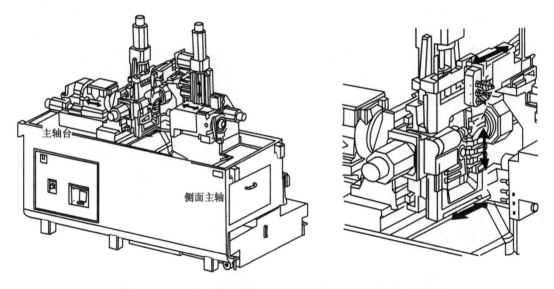

图 6-8　BS12/18 精密数控自动车床外形及立柱式数控刀架滑台

第三节　数字化制造系统

一、信息化与制造设备

(一) 制造设备模式的突破

随着计算机技术日新月异的发展,传统机床的模式正面临着信息技术的挑战。在传统机床上各种运动轨迹的几何精度都需要由具有一定功能的机械结构来保障,如准确的圆轨迹一般由各类轴承约束的转轴来保障,而直线轨迹则由各类直线导向结构来保障。与此同时,工件的装卸功能必然与机床本身分离,即使在自动化生产中也需要另外装备搬运机器人去完成此项任务。所以自动化制造设备的规模往往十分庞大,加工制造的零件众多,结构关系复杂,而且工作的柔性仍然不够理想。

其实,从数控机床能够加工复杂曲线、曲面的现象就可以预见到,任何准确的几何轨迹都可以通过具有强大运算功能的计算机和十分精确的伺服执行部件来实现。因此,"制造机器人"形式的制造设备如雨后春笋般不断涌现。顾名思义,这种制造设备已经完全突破了传统机床的结构模式,它的形态更像一台机器人!

(二) 新型制造设备

(1) 图6-9为一台具有三杆并联驱动结构的五自由度加工中心。从形态看,此设备没有传统机床必备的床身,支承和驱动加工铣头的结构件可以按实际需要安置在用户希望的任意位置的支架上,使加工铣头获得最大的工作空间。加工铣头相互垂直的三种直线运动由三根电动滚珠丝杠的配合伸缩来完成,直径很大,可以自由伸缩的中心柱用键条限制了加工铣头的转动自由度,中心柱与支承结构件以球铰方式联系。因此加工铣头的实际空间位置就可以通过球坐标方式测量出来,保证了数控运动的精度。

这种加工中心已经成熟应用在VOLVO汽车发动机缸体加工生产线上。

(2) 图6-10为Heckert公司出品的三伸缩杆式SKM400卧式加工中心结构示意图。机床的电主轴由三伸缩杆式并联机构所驱动,但主轴箱又同时被支承在一个转销上的平行四连杆组所支持。伸缩杆由电动滚珠丝杠-螺母副组成,被伺服电动机驱动的滚珠螺母支承在十字万向节上与机座框架相连,滚珠丝杠端部也靠双向铰接结构与主轴箱连接。

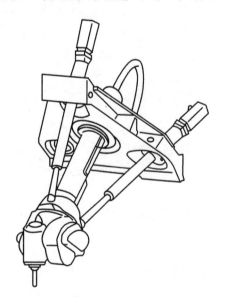

图6-9 DMG TriCenter加工中心

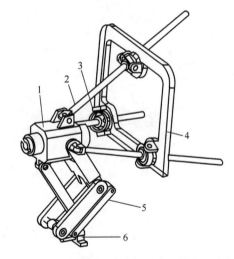

图6-10 SKM400卧式加工中心结构示意图
1—电主轴;2—滚珠丝杠;3—十字万向节;4—机座框架;5—平行四连杆组;6—连杆组转销座。

该机床中的平行四连杆组有很重要的作用,通过固定转销—平行四连杆组—主轴箱的运动联系,很方便地限制了三伸缩杆并联机构所冗余的三个回转自由度,使机床电主轴满足只能在直角坐标系中移动运动的要求。正因为平行连杆组有效地限制了回转自由度,所以它就能够承受三伸缩杆机构所无法承受的侧向切削载荷。如果在其中设置平衡结构，还能够帮助并联机构承受各部件的重力载荷。

从该机床的结构方式中可以看出，如果能够把并联机构与传统的其他机械结构进行巧妙的组合，将使并联机构得到更广泛的应用。

二、信息化与制造系统

利用计算机强大的协调控制能力，以一台加工中心机床为核心，配备自动交换工件装置，并附加自动检测及工况自动监控功能，便可组成一个柔性制造单元（FMC）。图6-11是这类FMC的示意图。它由卧式加工中心、环形工作台、工件托盘及托盘交换装置所组成。装着工件的托盘在环形工作台导轨上由链带驱动进行输送，每个托盘上都写有设定的地址编码，为加工中心识别选用对应的加工程序所用。在工件完成加工后，托盘交换装置将工件与托盘一起拖回环形工作台原有的空位上，按指令移位后再用托盘交换装置将下一个装有待加工工件的托盘送到机床工作台上定位、夹紧、加工。在装卸工位，工人将已加工好的工件从托盘上卸下，并按编码的规定装上对应的待加工工件，使FMC能够连续不断地运行。当加工设备是车削或磨削中心这类较难应用托盘的机床时，可配备搬运机器人来完成机床处工件的装卸工作。

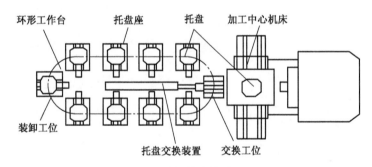

图6-11 柔性制造单元（FMC）

针对某一类产品，可以利用数台数控加工设备，配备合理的物流输送系统组成柔性制造系统（FMS）。柔性制造系统主要由加工子系统、物流子系统和信息流子系统三个基本部分组成，其构成情况如图6-12所示。

加工子系统是FMS的基础部分，它的加工机床除具有自动化加工功能外，还应具有与外界进行物流和信息流交换的功能。所谓物流交换功能，就是加工机床应能和外界自动进行刀具、工件的更换。所谓信息流交换功能是指加工机床必须具有与上一级计算机进行信息交换的能力。

物流子系统中的各设备在计算机的控制下自动完成刀具和工件的输送工作。信息流子系统的主要功能是实现各子系统之间的信息联系，对整个系统进行管理，确保系统的正常工作。对一个复杂系统，只有通过计算机分级管理才能实现对系统的有效管理，保证各部分的工作协调一致。

图6-13为北京机床研究所研制的一种由五台国产数控机床组成的FMS实例。该系统可加工直流伺服电动机轴、法兰盘、电刷架、壳体等四大类零件。

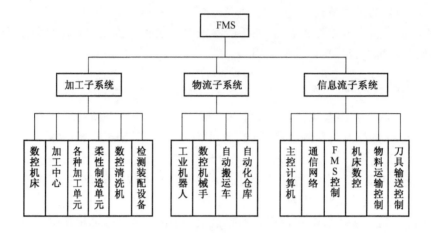

图 6-12 FMS 的构成

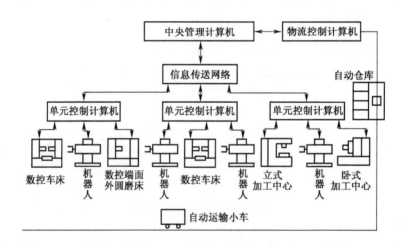

图 6-13 一种 FMS 的构成实例

三、现代信息化大生产系统

现代企业的生产经营是一个整体,为达到运行效益最大化的目标,必须用系统工程的观点对产品的市场分析、经营管理、售后服务、产品工程设计和加工制造的全过程进行统一的考虑。实际上,任何企业的生产全过程都是一个对各类形形色色数据进行采集、传递和加工处理的过程。计算机集成制造系统(CIMS)就是以计算机为信息集成的工具,以计算机辅助自动化单元技术为信息集成的基础,以信息和数据的交换与共享为集成的桥梁,它可以实现以信息为特征的技术集成和功能集成,其最终形成的产品是信息和数据的物质体现。

构成 CIMS 的一种网络结构如图 6-14 所示。在该结构中整个系统形成五层递阶控制结构。在 CIMS 系统中,产品信息的模型化、网络技术和数据库技术是其中的关键技术,由此可见现代信息技术的发展对现代化大生产的巨大推动作用。

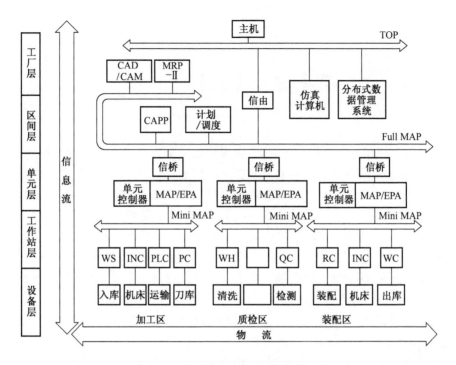

图 6-14 CIMS 的一种网络结构

复习思考题

1. 在现代工业生产中,为何数控加工技术显得越来越重要?
2. 当前还在应用的数控加工程序有哪些问题?它与现代计算机软件技术的水平是否适应?

第七章 特种加工

传统的机械切削加工是一种行之有效、应用广泛的加工工艺。它能把毛坯加工成人们所需的形状、尺寸和表面质量。但是随着科学技术的发展，各工业部门对其产品提出了高精度、高速度、高温、高压、大功率和小型化等要求，对材料的要求也越来越高。为了与这些要求相适应，很多具有高熔点、高强度、高硬度和高纯度等特殊性能的材料不断涌现，具有特殊结构的零件越来越多，形状越来越复杂，尺寸精度、表面质量及某些特殊性能要求越来越高。例如，对硬质合金、钛合金、耐热钢、不锈钢、淬火钢、金刚石、宝石、陶瓷、锗及硅等材料的加工；对各种模具上特殊断面的型孔、喷油嘴、栅网、喷丝头上小孔及窄缝等的加工；对高精度细长零件、薄壁零件和弹性元件等低刚度零件的加工。

要解决上述问题，仅仅靠传统的机械切削和磨削法加工是很难实现的。

20世纪40年代以后，人们相继研究出一些与传统机械切削加工原理完全不同的新加工方法——电火花加工、电解加工、激光加工、超声加工、电子束加工及离子加工等。这是直接利用电能、电化学能、化学能、声能、光能、热能以及特殊机械能等进行加工的方法。为区别于传统的机械加工，一般将其统称为特种加工。

特种加工方法与机械加工方法比较，有以下特点：

（1）"以柔克刚"，因工具与工件基本不接触，加工时无明显的宏观机械力，故可加工脆性材料和精密微细零件、薄壁零件及弹性元件等，同时工具的硬度可低于被加工材料的硬度。

（2）不是主要依靠机械外力和机械能量切除金属，而是利用电能、电化学能、化学能、声能、光能及热能等去除金属材料。瞬时能量密度高，故可加工任何高硬度的材料。

（3）不用切削原理，不产生宏观切屑。

（4）加工能量易于控制和转换，故加工范围广，适应性强。

由于特种加工方法具有其他加工方法无法比拟的优点，所以在现代加工技术中占有越来越重要的地位，许多现代化技术装备和工业品，必须用特种加工方法加工才能实现。特种加工技术应用已遍及到多个加工领域。为了适应科学技术飞速发展，必须重视特种加工技术的发展，扩大其应用领域，从而促进现代化建设的高速发展。

第一节 电火花加工

电火花加工法是在20世纪40年代初开始研究和逐步应用于生产的。它是利用工具和工件之间的脉冲性火花放电，靠电火花瞬时产生的局部高温把金属蚀除下来。所以，通常称为"电火花加工"。因为是脉冲性放电，所以在某些场合也叫"电脉冲加工"，也称为"电蚀加工"。

一、电火花加工的基本原理

在电插头或电器开关的触点将闭合或断开时,往往出现蓝白色火花,并发出"噼啪"的响声,这种现象称为火花放电。仔细观察可发现经过火花放电的金属表面被腐蚀成许多小的凹坑,这种现象称为电腐蚀。长期以来,电腐蚀一直被认为是一种有害的破坏现象,人们不断研究其原因,并设法减少和避免它。

大量实验研究表明,电火花腐蚀的主要原因是火花放电时,放电通道中瞬时产生大量的热,达到很高的温度,足以使电极表面的金属局部熔化,甚至气化蒸发,从而被蚀除下来。在一定的加工介质中,通过两电极之间火花放电的电蚀作用,对材料进行的尺寸加工或表面加工,称为电火花加工。

电火花加工的基本过程如图 7-1 所示。加工时,接通电源,电流通过限流电阻 R 对电容器 C 充电,电容器两端电压 u_i 逐渐升高,当充电电压 u_i 大于间隙击穿电压 u_b 时,瞬时产生间隙击穿,发生脉冲放电,使火花放电通道内的电流密度高达 $10^5 \sim 10^8 A/cm^2$,产生 10000℃ 以上的高温,从而使电极表面局部金属熔化和气化,成为很细小的微粒,并在电磁力和极间爆炸力的作用下,被抛入工作液中。电极表面形成一个小凹坑,局部放大图如图 7-2 所示。图 7-2(a) 表示单脉冲放电痕;图 7-2(b) 表示多个脉冲放电痕。工作液恢复绝缘后,第二个脉冲又在最近点绝缘最弱处击穿放电,重复上述过程。如此循环往复,形成一秒钟成千上万次放电的结果,使整个加工表面由无数个小凹坑组成,并且工具的轮廓和截面形状会复印在工件上。

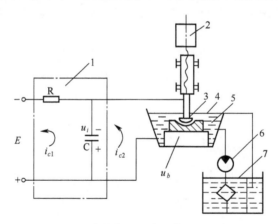

图 7-1 电火花加工机床工作原理示意图
1—脉冲电源;2—伺服系统;3—工具电极;4—工件;
5—工作液;6—液泵;7—过滤器。

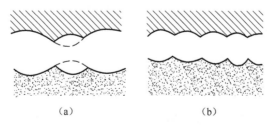

图 7-2 电火花加工表面局部放大
(a)单脉冲放电痕;(b)多脉冲放电痕。

二、电火花加工机理

火花放电时,电极表面的金属究竟是怎样被蚀除下来的?了解这一微观过程,有助于掌握电火花加工工艺中工具电极损耗、加工精度和表面粗糙度值等各种基本规律,以便对脉冲电源、进给装置和机床设备等提出合理的要求,提高生产率、降低成本。

电火花加工机理,即电火花腐蚀的微观过程,由于放电时间极短,间隙很小,所以相当复杂。根据大量实验资料的分析来看,电火花腐蚀的微观过程是电力、磁力、热力和流体动力等综合作用的过程。这一过程,一般认为可分为以下几个连续阶段,即电离—击穿—形成火花放电通道;火花放电—热膨胀—蚀除电极材料;电蚀产物抛出放电间隙—消电离。

进行火花放电的一对电极称之为电极对。电极对的微观表面是凹凸不平的。当脉冲电源电压加到两极时,相距最近的尖端处电场强度最高,工作液绝缘介质一小部分最先被电离,如图7-3(a)所示,即分解成电子和正离子而被击穿,形成火花放电通道。电流急剧增加,脉冲电压由空载电压降到工作电压。由于火花放电通道受到放电磁场力和周围液体介质的压缩等作用,使得火花放电通道的横断面极小,通道中电流密度达 $10^5 \sim 10^8 \text{A/cm}^2$。电子、离子在电场力的作用下高速运动相互碰撞,在电极间隙火花通道区产生大量的热量;同时,阳极和阴极分别受到电子流和离子流的高速轰击,也将产生大量的热量。这样,电极间隙内沿火花通道将形成一个瞬时高温热源,其中心部温度可达10000℃左右,电极对的极小区域表面,很快被加热到熔点、沸点直至气化点,使局部金属材料熔化和气化,如图7-3(b)所示。通道周围的工作液(一般为煤油之类的碳氢化合物)一部分气化为蒸气,另一部分被瞬时高温分解为游离的碳粒、H_2 和碳氢化合物 C_2H_2、C_2H_4、C_nH_{2n} 等气体而析出,导致工作液很快变黑,电极间冒出小气泡。这些熔化、气化和分解的过程非常短促,加工时的"噼啪"声表明具有爆炸的特性,爆炸力把熔化和气化了的金属抛入附近的工作液介质里冷却,使电极表面形成坑穴状的蚀除凹痕。

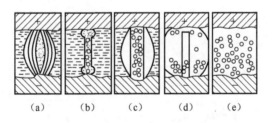

图7-3 电火花腐蚀的微观过程

事实上,电蚀产物的抛出过程也是比较复杂的。火花通道周围所形成的气泡(包含金属蒸气、工作液蒸气和分解出的气体等)内部压力,随着脉冲放电延时迅速增高,瞬时可达505~1010kPa,并迅速向外扩张,如图7-3(c)所示。当脉冲电流终止时,热源虽然已经消失,但由于气泡外围扩张运动着的液体具有惯性,气泡体积继续增大,内部压力将大大降低,高压时溶解在液体金属中的气态电蚀产物又从小坑中分解出来,进而使一部分熔化了的金属额外地被抛离电极表面,如图7-3(d)所示。

熔化和氧化的金属在被抛离电极表面时,除绝大部分在工作液中冷却而凝固成圆球状小颗粒(直径约为0.1~500μm,因脉冲能量而异)外,还可能有一小部分飞溅、黏附、镀覆在对面电极表面上。这种相互飞溅、镀覆的现象,在某些条件下可减少或补偿工具电极在加工中的损耗。

单个脉冲经过上述过程,完成了一次脉冲放电,而在工件表面留下一个带有凸边的小凹穴,如图 7-3(e)所示。在经过一定的脉冲间隔后,放电间隙消电极,介质恢复初始的绝缘状态,为第二个脉冲火花放电准备了条件。无数次脉冲放电蚀除量的积累,就使工件达到了所需要的加工要求。

三、电火花加工的特点

(1) 可以加工任何硬、脆、韧、软和高熔点的导电材料;在一定条件下,还可加工半导体材料及非导电材料。

(2) 加工时"无切削力",有利于小孔、薄壁、窄槽以及各种复杂截面的型孔、曲线孔及型腔等零件的加工,也适合于精密微细加工。

(3) 当脉冲宽度不大时,对整个工件而言,几乎不受热的影响,因此可以减小热影响层,提高加工后的表面质量,也适用于加工热敏感的材料。

(4) 脉冲参数可以任意调节,可以在一台机床上连续进行粗、精加工。

(5) 用电能加工,便于实现自动化。

四、电火花加工适用范围

(1) 穿孔加工。型孔(圆孔、方孔、多边孔、异型孔)、曲线孔(弯孔、螺旋孔)、小孔及微孔等,例如落料模、复合模、级进模、拉丝模、喷嘴及喷丝孔等。

(2) 型腔加工。锻模、压铸模、挤压模、胶木模以及整体叶轮及叶片等各种曲面零件。

(3) 线电极切割。切断、切割各种复杂型孔,例如冲裁模以及零件和工具等加工。

(4) 电火花磨削。磨平面和内外孔、小孔以及成形镗磨和铲磨等。

(5) 表面强化。表面渗碳和涂覆特殊材料等。

(6) 其他加工。打印标记、雕刻、取出折断的钻头和丝锥等,以及对已淬火零件进行修整等。

第二节 电解加工

电解加工又称电化学加工,是继电火花加工之后发展较快、应用较广的一种工艺。在国内外已应用于枪、炮、导弹、喷气发动机以及火箭和宇宙飞行器等的制造,在汽车、拖拉机、采煤机械的模具制造中也得到了广泛应用。

一、电解加工的基本原理

电解加工是利用金属产生阳极溶解的原理,将工件加工成形。图 7-4 为电解加工示意图,在工件和工具之间接上直流电源,工件接电源的正极(阳极),工具接电源的负极(阴极)。在工件和工具之间保持较小的间隙(0.1~0.8mm)。在间隙中间通过高速流动的电解液。

当在工件和工具之间施加一定的外加电压时,工件表面的金属材料就不断地产生阳极溶解,这些溶解的产物被高速流动的电解液及时冲击,使阳极溶解能够不断地进行。

若工件的原始形状与工具阴极型面不同,如图7-5(a)所示,则工件上各点距离就不相同,各点电流密度也不一样。距离近的地方,通过的电流密度大,阳极溶解的速度快;反之,距离远的地方,电流密度小,阳极溶解慢。这样,当工具不断进给时,工件表面上各点就以不同的溶解速度进行溶解,工件的型面就逐步接近工具阴极的型面,直到把工具的型面复印在工件上,得到所需要的型面,如图7-5(b)所示。

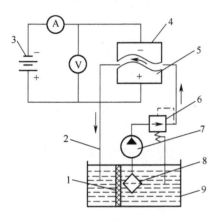

图7-4 电解加工示意图
1—过滤网;2—管道;3—直流电源;4—工具阴极;5—工件阳极;6—调压阀;7—电解液泵;8—过滤器;9—电解液。

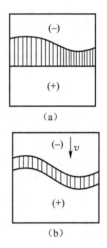

图7-5 电解加工成形示意图

电解加工的主要特征如下:
(1) 具有小的加工间隙,0.1～0.8mm;
(2) 具有大的电流密度,20～1500A/cm^2;
(3) 具有高的电解液流速,6～60m/s。

二、电解过程的机理

电解加工不光是一个复杂的电化学和化学反应的过程,它不仅与电参数、参加反应的电解液成分和电极金属材料有关,而且还受电解液流速、压力等流体力学参数的综合影响。为了了解电解加工最基本的原理,首先熟悉一下电解过程的机理。

电解过程的机理:电解质在水中的电离;电离后电解液中各种正、负离子在正、负电极上的放电反应;电极材料本身的放电反应过程。

图7-6为在氯化钠电解液中,以铜作为阴极电解铁为例来分析电解过程的机理。

(一) 电解质在水中的电离

凡是溶于水后能导电的物质,就叫电解质,如NaCl等的水溶液都能导电,所以都叫电解质。蔗糖($C_{12}H_{22}O_{11}$)、酒精的溶液,不能导电,故称为非电解质。这是由于它们的性质不同所决定的。酸、碱等是离子化合物;蔗糖、酒精等是分子化合物。

电解质在水中的电离可以由电解NaCl为例来进一步理解。NaCl是一种离子化合物,是由离子构成的晶体。NaCl的晶体含有带正电荷的钠离子和带负电荷的氯离子。当它溶于水时,由于它和水分子相互作用,所以情况发生了变化,如图7-7所示。

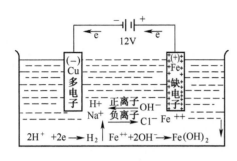

图 7-6 电极间的反应

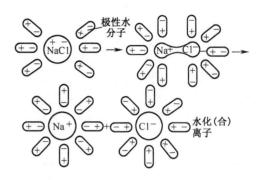

图 7-7 NaCl 在水中的电解过程

水是一种弱电解质,水分子是一种极性分子,其中氢原子和氧原子是靠它们的共用电子对互相结合的(图 7-8),由于共用电子对偏向于氧原子一方,使得水分子靠近氧原子一端显负电性,靠近氢原子一端显正电性,于是水分子中就存在着两个极,显示出极性,故称极性分子。

当 NaCl 溶于水后,水分子的正极就和 Cl^- 相吸引,而其负极和 Na^+ 相吸引。由于极性水分子的不断吸引和碰撞,Na^+ 和 Cl^- 从晶体中脱离出来并被极性水分子所包围,成为能在溶液中自由移动的水合离子,如图 7-7 所示。这种作用叫做水化作用,这种由于水化作用而离解成为能自由移动的离子的过程,叫做"电离"。其电离方程式为

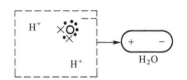

图 7-8 极性水分子结构示意图

$$NaCl \rightleftharpoons Na^+ + Cl^-$$
$$H_2O \rightleftharpoons H^+ + OH^-$$

由上可知:

(1) 电解质之所以能在水中电离,其内因是它本身具有离子或产生离子的内部结构,外因是极性水分子的水化作用。

(2) 电解质溶于水后,在极性水分子的水化作用下,电离成为自由移动的离子,这就是电解质溶液能导电的原因。

(3) 在电解质溶液中,正离子所带的正电荷总数与负离子所带的负电荷总数相等,故就整体而言,溶液仍然保持电中性。

(4) 电离过程与外电场无直接联系,外电场的作用是使溶液中已经电离的自由移动离子做定向移动,并在电极上进行放电(得失电子)。

(二)电极材料本身的放电反应

如图 7-6 所示,为什么用铜作为阴极能电解铁?这里涉及到一个电极的电极电位问题。即电极电位得、失电子能力的一种标志。但到目前为止,还没有办法测得电极的绝对电极电位,只能测得两个电极的电位差。因此,有人为规定以氢的电极电位($E_H^0=0$)作为比较的标准,来测量其他电极的电位,这样测得的电极电位称为标准电极电位(如表 7-1 所列)。所以,凡是比氢电位高的电极为正值,反之,为负值。电极电位越低(即负值大)的金属越容易失去电子变成正离子溶解到溶液中;电极电位越高(即正值大)的金属,它的离子越容易结合电子沉积

到金属表面。铁和铜的标准电极电位分别为

$$\begin{cases} E_{Fe}^0 = -0.44\text{V} \\ E_{Cu}^0 = +0.34\text{V} \end{cases}$$

其放电得失电子的反应式为

$$Fe - 2e \rightleftharpoons Fe^{++} \quad E_{Fe}^0 = -0.44\text{V}$$
$$Cu \rightleftharpoons Cu^{++} + 2e \quad E_{Cu}^0 = +0.34\text{V}$$

表7-1 标准电极电位(25℃)

电 极 反 应	E^0/V	电 极 反 应	E^0/V
$K \rightleftharpoons K^+ + e$	-2.92	$Fe \rightleftharpoons Fe^{+++} + 3e$	-0.036
$Na \rightleftharpoons Na^+ + e$	-2.73	$H_2 \rightleftharpoons 2H^+ + 2e$	0.000
$Mg \rightleftharpoons Mg^{++} + 2e$	-2.38	$ClO_3^- + 2OH^- \rightleftharpoons ClO_4^- + H_2O + 2e$	+0.17
$Ti \rightleftharpoons Ti^{++} + 2e$	-1.75	$Cu \rightleftharpoons Cu^{++} + 2e$	+0.34
$Al \rightleftharpoons Al^{+++} + 3e$	-1.66	$4OH^- \rightleftharpoons O_2 + 2H_2O + 4e$	+0.401
$V \rightleftharpoons V^{++} + 2e$	-1.5	$Cu \rightleftharpoons Cu^+ + e$	0.522
$Mn \rightleftharpoons Mn^{++} + 2e$	-1.05	$2I^- \rightleftharpoons I^- + 2e$	+0.535
$Ti + 2H_2O \rightleftharpoons TiO_2 + 4H^+ + 4e$(无定形)	-0.95	$Fe^{++} \rightleftharpoons Fe^{+++} + e$	+0.771
$Zn \rightleftharpoons Zn^{++} + 2e$	-0.763	$Ag \rightleftharpoons Ag^+ + e$	+0.8
$Cr \rightleftharpoons Cr^{+++} + 3e$	-0.71	$HNO_2 + H_2O \rightleftharpoons NO_3^{3-} + 3H^+ + 2e$	+0.94
$Fe \rightleftharpoons Fe^{++} + 2e$	-0.44	$NO + 2H_2O \rightleftharpoons NO_3^- + 4H^+ + 3e$	+0.96
$Cd \rightleftharpoons Cd^{++} + 2e$	-0.402	$ClO_3^- + H_2O \rightleftharpoons ClO_4^- + 2H^+ + 2e$	+1.00
$Co \rightleftharpoons Co^{++} + 2e$	-0.27	$2Br^- \rightleftharpoons Br_2$(水溶液)$+ 2e$	+1.065
$Ni \rightleftharpoons Ni^{++} + 2e$	-0.23	$2Cl^- \rightleftharpoons Cl_2 + 2e$	+1.358
$Mo \rightleftharpoons Mo^{+++} + 3e$	-0.2	$2Cr^{+++} + 7H_2O \rightleftharpoons Cr_2O_7^{2-} + 14H^+ + 6e$	+1.36
$Sn \rightleftharpoons Sn^{++} + 2e$	-0.140	$Cl^- + 3H_2O \rightleftharpoons ClO_2^- + 6H^+ + 6e$	+1.45
$Pb \rightleftharpoons Pb^{++} + 2e$	-0.126	$Cl_2 + 6H_2O \rightleftharpoons 2ClO_3^- + 12H^+ + 10e$	+1.47
$W \rightleftharpoons W^{4+} + 4e$	-0.05	$2F^- \rightleftharpoons F_2 + 2e$	+2.87

从上面两个标准电极电位和放电反应式可知,铁比较容易失去电子变成铁离子(Fe^{++})溶解于溶液中,所以阳极附近有大量铁离子存在。而铜离子(Cu^{++})易得到电子变为铜原子沉积在阴极表面,同时,铜的表面还存在大量的自由电子,有交出电子的倾向。所以用铜作阴极电解铁时,铁不断被溶解腐蚀,而铜并不受腐蚀损耗。

(三)电极间的放电反应

从上述分析可知,在NaCl电解液中存在有四种离子(Na^+、H^+和Cl^-、OH^-),当在电极间加12V左右的外加电压时,由于同性相斥、异性相吸,所以负离子趋向阳极(Fe),正离子趋向阴极(Cu)。即在阳极附近有Cl^-、OH^-和Fe^{++},在阴极附近有Na^+和H^+。

阳极反应: $Fe^{++} + 2(OH^-) \longrightarrow Fe(OH_2)\downarrow$(氢氧化亚铁)

$Fe(OH)_2$是墨绿色沉淀,在水中溶解度很小,但是,时间长了,会不断地和电解液中及空

气中的氧发生反应,逐步氧化成为黄褐色的氢氧化铁,即 $Fe(OH)_3$,其反应式为

$$4Fe(OH)_2 + 2H_2O + O_2 \longrightarrow 4Fe(OH)_3 \downarrow (铁锈)$$

所以在电解过程中,电解液起初为墨绿色,以后逐渐变为黄褐色。

另外:

$$Fe^{++} + 2Cl^- \rightleftharpoons FeCl_2 (可逆反应)$$

阴极反应:阴极铜表面沉积有大量多余电子,首先吸收缺乏电子的氢离子放电,变成氢气放出,其离子方程式为

$$2H^+ + 2e \longrightarrow H_2 \uparrow$$

正的钠离子在负极上由于其电极电位较多,一般不会放电析出。

综上所述,在以 NaCl 为电解液电解加工钢时,实际的全部反应如下:

电解液中:

$$2H_2O \rightleftharpoons 2H^+ + 2OH^-$$
$$NaCl \rightleftharpoons Na^+ + Cl^-$$

阳极表面:

$$Fe - 2e \rightleftharpoons Fe^{++}$$
$$Fe^{++} + 2OH^- \rightleftharpoons Fe(OH)_2 \downarrow$$

阴极表面:

$$2H^+ + 2e \rightleftharpoons H_2 \uparrow$$

由此可见,电解过程中,阳极铁不断溶解腐蚀最后变成氢氧化亚铁沉淀;阴极材料并不受腐蚀损耗,只是氢气不断从阴极上析出,同时,水逐渐消耗,而 NaCl 的含量并不减少。所以 NaCl 电解液的使用寿命较长,平时只要加以过滤沉淀,就可以反复使用,只有当杂质、沉淀过多时才需更换。

三、电解加工的特点

(一)加工型面的生产率高

由于电解加工型孔、型腔或外型表面,可以一次进给直接成形,可以取代好几道切削加工工序,同时进给速度可达 0.3~15mm/min,因此,生产率高。如电解加工某整体涡轮的全部叶片仅用 1h 多,平均每个叶片不到 1.5min,比切削加工生产率提高数十倍。

(二)能加工各种硬度和强度的工件

由于电解加工与工件材料的硬度和强度没有直接联系。所以,只要是金属材料,不论强度和硬度多大,都能加工。

(三)工具阴极基本上没有损耗

由于工具阴极材料本身不参与电极反应,同时工具材料又是抗腐蚀性良好的不锈钢或黄铜等,所以除产生火花短路等特殊情况外,工具阴极基本没有损耗。

(四)表面质量好

电解加工表面不会产生毛刺,也没有残余应力变形层,故它对材料的强度和硬度均无影响。表面粗糙度值一般可达 $0.8\mu m$。

(五)加工精度难以严格控制

由于电解加工中,影响加工误差的因素很多,有些因素又难以严格控制,因此,一般加工精

度低于IT7。

(六)电解液对设备的腐蚀严重

电解加工中采用的电解液,特别是高浓度的NaCl水溶液,对设备的腐蚀十分严重。尤其是泵的锈蚀问题,一直没有得到解决。

(七)电解产物难以处理

电解加工的电解产物中,有些含有六价铬离子等有害成分,有些则与食盐水混杂在一起,排入下水道,不仅影响农作物生长,而且对人体有害。

第三节 激光加工

随着生产和科学技术的发展,对零件加工的要求越来越高,特别是对力学性能高、熔点高的材料进行精密微细加工,例如火箭发动机的燃料喷嘴、柴油机喷嘴、人造纤维喷丝板、精密仪表上的宝石轴承的加工,要求尺寸在 $1\sim 20\mu m$,其边缘清晰度为几微米,并且要有一定深度的小孔、窄缝等。这样的工艺要求,用一般的机械加工方法难以实现,就是用电火花加工和超声波加工也很难达到,因为这样小的尺寸,不仅排屑困难,而且太细小的机械工具也保证不了刚度。

利用激光加工,不仅不需要工具,加工的小孔孔径也可以小到几个微米,同时还可以焊接和切割各种硬脆和难熔的材料,速度快、效率高、表面变形小,很受人们的重视,发展很快。

一、激光加工的基本原理

在日常生活中,我们经常可以发现,太阳经过凸透镜可以聚焦成一个很亮的小光点,如图7-9所示。如果把纸张或火柴等易燃物放在凸透镜下的焦点A处,很快就会冒烟燃烧,这说明光本身就是一种能量,经过聚焦之后,在焦点处的金属温度可达300℃以上。当然,靠这样的温度来加工工件,是远远不够的。因为照射到地面上的太阳光,它本身的能量密度较小,加之太阳光是由各种波长组合而成的非单色光,通过透镜时的折射率各不相同,很难聚焦成很细的光束,更谈不上聚焦成直径只有几十微米的小光点。这样,就不能在较小的面积上获得极大的能量密度和极高的温度,从而就不能对工件进行加工。

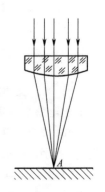

图7-9 太阳光聚焦

激光则不同,由于它强度高、方向性好、颜色单纯,这就有可能通过一系列的光学系统,把激光束聚焦成一个直径仅有几个微米到几十微米的极小光斑,从而获得 $10^7 \sim 10^{11} W/cm^2$ 的能量密度以及上万摄氏度以上的高温,并能在千分之几秒或更短的时间内使一些难熔材料急剧熔化以致气化蒸发,达到加工工件的目的。

二、激光加工的机理

当能量极高的激光照射在被加工表面时,光能被加工表面吸收并转换成热能,使照射斑点的局部区域温度迅速升高到熔化以致气化,并在加工表面形成陷坑。由于热扩散使斑点周围的金属熔化,随着光能的继续吸收,陷坑中金属蒸气迅速膨胀,相当于产生一个微型爆炸,把熔融物高速喷射出来。同时,产生一个方向性很强的反冲击波,这样工件材料就在高温熔融和冲击波的同时作用下,在工件上打出一个小孔。

那么,这个孔是不是被高温烧穿的呢?根据计算表明,把孔中的材料全部气化所需要的能量比激光所提供的能量要多;而且热的传递时间要比现在打孔所需要的时间长得多;同时,热量还会均匀地向四周扩散,因而孔的形状就不会很规则。所以说,孔不是被烧穿而是被打穿的。

三、激光加工的特点

(1) 不需要工具,所以不存在工具损耗、更换调整等问题,很适于自动化连续操作。
(2) 不受切削力的影响,易于保证精度。
(3) 几乎能加工所有的材料,如各种金属材料、非金属材料——陶瓷、石英、玻璃、金刚石和半导体等。
(4) 加工速度快,效率高,热影响区小。
(5) 适于加工深的微孔、窄缝,直径可小至几个微米,深度与直径之比可达 50~100 以上。
(6) 可透过玻璃等透明介质对工件进行打孔,对工件需在真空的环境中加工等特殊情况十分便利。

第四节 超声波加工

超声波加工不仅能加工高熔点的硬质合金、淬火钢等硬脆合金材料,而且更适合于加工玻璃、半导体锗和硅片等不导电的非金属硬脆材料,同时还可以用于清洗、焊接和探伤等。

一、超声波加工的基本原理

超声波加工是利用工具做超声频振动,通过磨料悬浮液加工硬脆材料的一种成形方法,加工原理如图 7-10 所示。加工时在工件 1 和工具 2 之间加入液体(水或煤油等)和磨料混合的悬浮液 7,并使工具以很小的力 F 轻轻压在工件上。超声波换能器 4 产生 16000Hz 以上的超声频纵向振动,并借助于变幅杆把振动位移振幅放大到 0.01~0.1mm,驱动工具振动,迫使工作液中的悬浮磨粒以很大的速度和加速度,不断地撞击、抛磨被加工表面,把加工区域的材料粉碎成很细的微粒,从材料上打下来。虽然每次打击下来的材料很少,但由于每秒钟打击的次数多达 16000 次以上,所以仍有一定的加工速度。同时工作液受工具端面的超声振动作用而产生的高频、交变的液压正负冲击波和空化现象,促使工作液钻入被加工材料的裂缝处,加剧了机械破坏作用的效果。由于冲击波造成局部真空,形成液体空腔,在闭合时所引起的极强液压冲击波,进一步强化了加工过程。此外,液压冲击波也使悬浮工作液在加工间隙中强迫循环,使变钝了的磨粒及时得到更新。

由此可见,超声波加工是磨粒在超声振动作用下的机械撞击、抛磨作用以及超声波空化作用的综合结果,其中磨粒的撞击作用是主要的。

既然超声波作用是基于冲击作用,因此就不难理解,越是硬脆的材料,受冲击作用遭受的破坏越大。相反,硬度和脆性不是很大的韧性材料,由于它的缓冲作用使得难以被加工。根据这个道理,我们可以合理选择工具材料,使之既保证撞击磨粒,又不致于使自身受到很大破坏。例如用 45 钢作为工具即可满足上述要求。

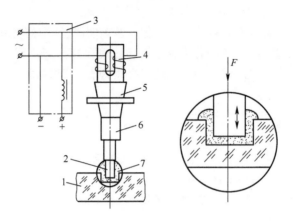

图 7-10 超声波加工原理示意图
1—工件;2—工具;3—超声波发生器;4—超声波换能器;
5、6—变幅杆;7—磨料悬浮液。

二、超声波加工的特点

(1) 适合于加工各种脆性材料,特别是不导电的非金属材料,例如玻璃、陶瓷、石英、锗、硅、石墨及金刚石等。对于导电的硬质金属材料,如淬火、硬质合金等也能进行加工,但加工生产率较低。

(2) 由于工具通常不需要旋转,因此易于加工各种复杂形状的型孔、型腔和成形表面等。

(3) 加工过程中,磨料的运动方向与加工表面垂直,和切入方向一致,工件只受磨料瞬时的局部撞击压力,不存在横向摩擦力,所以热影响很小,特别对于加工某些不能承受较大机械应力的薄壁、窄缝和薄片零件比较有利。

(4) 由于去除加工材料是靠极小的磨料作用的,所以加工精度较高,一般可达 IT5,表面粗糙度值 $Ra0.8 \sim 0.4 \mu m$,被加工表面也无残余应力、组织改变及烧伤现象。

(5) 因为材料的去除是靠磨粒直接作用的,故磨料硬度一般比加工材料高,而且工具材料的硬度可以低于加工材料的硬度。通常可用中碳钢及各种成形管材、线材作工具。

(6) 在大多数情况下,工件的形状主要是靠工具的形状来保证,不需要使工具和工件做比较复杂的相对运动。因此超声波加工机床结构比较简单,操作、维修方便。

(7) 生产率比较低。

第五节 电 铸 加 工

电铸是在原模上电解沉积金属,然后分离,以制造或复制金属制品的加工工艺,其基本原理与电镀相同。不同之处是电镀时要求得到与基体结合牢固的金属镀层,以达到防护、装饰等目的;而电铸层要求与原模分离,其厚度也远大于电镀层。

一、电铸加工的基本原理

电铸加工的原理如图 7-11 所示,用可导电的原模作为阴极,用于电铸的金属作为阳极,金属盐溶液作为电铸溶液,即阳极金属材料与金属盐溶液中的金属离子的种类相同。在直流电源的作用下,电铸溶液中的金属离子在阴极还原成金属,沉积于原模样表面,而阳极金属则源源不断地变成离子溶解到电铸液中进行补充,使溶液中金属离子的浓度保持不变。当阴极原模样电铸层逐渐加厚达到要求的厚度时,与原模样分离,即获得与原模样面相反的电铸件。

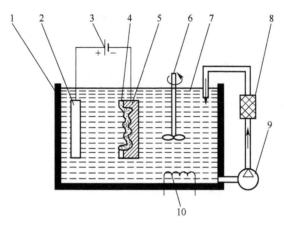

图 7-11 电铸加工原理图
1—电铸槽;2—阳极;3—直流电源;4—电铸层;5—原模(阴极);6—搅拌器;7—电铸液;8—过滤器;9—泵;10—加热器。

二、电铸加工的特点及应用范围

(一) 特点

(1) 能把机械加工较困难的零件内表面转化为原模样外表面,能把难成形的金属转化为易成形的原模样材料(如石蜡、树脂等),因而能制造用其他方法不能或很难制造的特殊形状的零件。

(2) 能准确地复制表面轮廓和微细纹路。

(3) 改变电铸液成分和工作条件,使用添加剂能使电铸层的性能在广泛的范围内变化,以适应不同的需要。

(4) 能够获得尺寸精度高、表面粗糙度值 $Ra0.1\mu m$ 的产品。同一原模样生产的电铸件一致性好。

(5) 可以获得高纯度的金属制品。

(6) 可以制造多层结构的构件,并能把多种金属、非金属拼铸成一个整体。

(7) 电铸生产周期长,尖角或凹槽部分铸层不均匀,铸层存在一定的内应力,原模样上的伤痕会带到产品上等。

(二) 应用范围

(1) 主要用于加工形状复杂、精度高的空心零件,如波导管等。

(2) 用于加工注塑用的模具、厚度仅几十微米的薄壁零件。

(3) 复制精细的表面轮廓,如唱片模、艺术品、纸币、证券和邮票的印刷版等。

第六节 化 学 蚀 刻

一、化学蚀刻加工的基本原理

化学蚀刻加工的原理如图 7-12 所示,把工件非加工表面用耐腐蚀性涂层保护起来,将需要加工的表面露出来,浸入到化学溶液中进行腐蚀,使金属的特定部位溶解去除,达到加工目的。

金属的溶解作用,不仅在垂直于工件表面的深度方向进行,而且在保护层下面的侧向也进行,并呈圆弧状。

金属的溶解速度与工件材料的种类、溶液成分有关。

化学蚀刻的特点:

(1) 可加工任何难切削的金属材料,而不受材料硬度和强度的限制,如铝合金、钼合金、钛合金、镁合金及不锈钢等。

(2) 适于大面积加工,可同时加工多件。

(3) 加工过程中不会产生应力、裂纹和毛刺等缺陷,表面粗糙度值可达 $Ra3.2\sim1.6\mu m$。

(4) 加工操作技术比较简单。

(5) 不适宜加工窄而深的槽、型孔等。

(6) 原材料的缺陷和表面平直度、划痕等不易消除。

(7) 腐蚀液对设备和人体有危害,故需有适当的防护性措施。

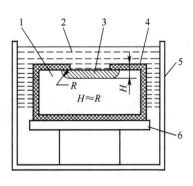

图 7-12 化学蚀刻加工原理图
1—工件材料;2—化学溶液;3—化学腐蚀部分;4—保护层;5—溶液箱;6—工作台。

化学蚀刻主要用于对金属表面厚度减薄加工,蚀刻厚度一般小于 13mm。如在航空工业中常用于减轻结构件的重量,对大面积或不利于机械加工的薄壁,内表层的金属蚀刻更适宜。

二、化学蚀刻的工艺过程

化学蚀刻的工艺过程如图 7-13 所示。

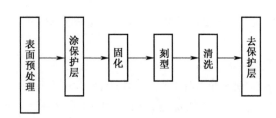

图 7-13 化学蚀刻工艺过程

(一) 涂覆

在涂保护层之前,必须把工件表面的油污、氧化膜等清除干净,并在相应的腐蚀液中进行预腐蚀。在某些情况下还要进行喷砂处理,使表面形成一定的粗糙度,以保证涂层与金属表面黏结牢固。

保护层必须具有良好的耐酸、碱性能,并在化学蚀刻过程中黏结力不下降。

常用的保护层有氯丁橡胶、丁基橡胶及丁苯橡胶等耐蚀涂料。

涂覆的方法有刷涂、喷涂及浸涂等。涂层要求均匀,不允许有杂质和气泡。涂层厚度一般控制在 0.2mm 左右。涂后需经过一定的时间和适当的温度使之固化。

(二)刻型或划线

刻型是根据样板的形状和尺寸,把待加工表面的涂层去掉,以便进行腐蚀加工。

刻型的方法一般采用手术刀沿样板轮廓切开保护层,并把不要的部分剥掉。如图 7-14 所示是刻型及尺寸关系示意图。

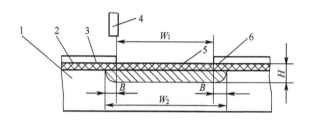

图 7-14 刻型及尺寸关系图

1—工件材料;2—保护层;3—刻型样板;4—刻型刀;5—切除保护层;6—溶解部分。

实验证明,当蚀刻深度达到某值时,其尺寸关系可用下式表示:

$$K = 2H/(W_2 - W_1) = H/B$$

式中 K——腐蚀系数,根据溶液成分、浓度和工件材料等因素,由实验确定;

H——腐蚀深度;

B——侧面腐蚀宽度;

W_1——刻型尺寸;

W_2——最终腐蚀尺寸。

刻型样板多采用 1mm 厚的硬铝板制作。

(三)腐蚀

化学蚀刻的溶液成分随加工材料不同而异,其配方如表 7-2 所列。

表 7-2 加工材料及腐蚀溶液配方

加工材料	溶液成分	加工温度 $t/℃$	腐蚀速度 $v/(mm \cdot min^{-1})$
铝、铝合金	NaOH150~300g/L(Al:5~50g/L)①	70~90	0.02~0.05
	$FeCl_3$ 120~180g/L	50	0.025
铜、铜合金	$FeCl_3$ 300~400g/L	50	0.025
	$(NH_4)_2S_2O_3$ 200g/L	40	0.013~0.025
	$CuCl_2$ 200g/L	55	0.013~0.015
镍、镍铁合金	HNO_3 48%+H_2SO_4 5.5%+H_3PO_4 11%+CH_3COOH 5.5%②	45~50	0.025
	$FeCl_3$ 34~38g/L	50	0.013~0.025

续表

加工材料	溶液成分	加工温度 $t/℃$	腐蚀速度 $v/(mm \cdot min^{-1})$
不锈钢	HNO_3 300g/L+HCl 210g/L+HF 200g/L+冰醋酸 21g/L	50～60	
	HNO_3 3N+HCl 2N+HF 4N+$C_2H_4O_2$ 0.38N(Fe:0～60g/L)①	30～70	0.03
	$FeCl_3$ 5～38g/L	55	0.02
碳钢、合金钢	HNO_3 20%+H_2SO_4 4%+H_3PO_4 35%②	55～70	0.018～0.025
	$FeCl_3$ 35～38g/L	50	0.025
	NHO_3 10%～15%(体积)	50	0.025
钛、钛合金	HF 10%～50%(体积)	30～560	0.013～0.025
	HF 3N+HNO_3 2N+HAC 0.5N (Ti:5～31g/L)①	20～40	0.001

注：① 为溶液中金属离子的允许含量；
② 百分数均为体积比。

表 7-2 中的腐蚀速度，只是在一定条件下的平均值，实际上腐蚀速度受溶液浓度、温度和金相组织等因素影响。

复习思考题

1. 电火花加工、电解加工、激光加工及超声波加工的基本原理是什么？
2. 电火花加工、电解加工及激光加工应用的场合是什么？
3. 电火花加工、电解加工及超声波加工的共同特点有哪些？
4. 电铸加工、化学蚀刻加工的原理是什么？各应用在什么场合？

第八章 机械加工选用金属材料

机械加工中所用的金属材料以合金为主,很少使用纯金属。原因是合金比纯金属具有更好的力学性能和工艺性能,且价格低廉。合金是以一种金属为基础,加入其他金属或非金属,经过熔炼或烧结制成的、具有金属特性的材料。最常用的合金是以铁为基础的铁碳合金,如碳素钢、合金钢、灰铸铁等,还有以铜为基础的黄铜、青铜,以铝为基础的铝硅合金等。

用来制造机械设备的金属及合金,应具有所需的力学性能和工艺性能、较好的化学稳定性和适合的物理性能。因此,学习本章时,必须首先熟悉金属及合金的各种主要性能,以便依据零件的技术要求合理地选用金属材料。

本章主要介绍金属材料的主要性能,金属材料的成分、组织、性能之间的关系,使学生了解热处理工艺及常用钢材的类别和牌号等。

第一节 金属材料的力学性能

金属材料的力学性能又称机械性能,是金属材料在力的作用下所表现出来的性能。零件的受力情况有静载荷、动载荷和交变载荷之分。用于衡量在静载荷作用下的力学性能指标有强度、塑性和硬度等;在动载荷作用下的力学性能指标有冲击韧性等;在交变载荷作用下的力学性能指标有疲劳强度等。

一、强度与塑性

金属材料的强度和塑性是通过拉伸试验测定的。目前金属材料室温拉伸试验方法采用 GB/T 228—2002 新标准。由于目前原有的金属材料力学性能数据是采用旧标准进行测定和标注的,所以,原有旧标准 GB/T 228—1987 仍然沿用,本书为叙述方便采用旧标准。关于金属材料强度与塑性的新、旧标准名词和符号对照见表 8-1。

表 8-1 金属材料强度与塑性的新、旧标准名词和符号对照

GB/T 228—2002 新标准		GB/T 228—1987 旧标准	
名　词	符　号	名　词	符　号
断面收缩率	Z	断面收缩率	ϕ
断后伸长率	A 和 $A_{11.3}$	断后伸长率	δ_5 和 δ_{10}
屈服强度	—	屈服点	σ_s
上屈服强度	R_{eH}	上屈服点	σ_{sU}
下屈服强度	R_{eL}	下屈服点	σ_{sL}
规定残余伸长强度	R_r,如 $R_{r0.2}$	规定残余伸长应力	σ_r,如 $\sigma_{r0.2}$
抗拉强度	R_m	抗拉强度	σ_b

为进行拉伸试验,必须先将金属材料制成如图 8-1 所示的试样。试验时,将试样装夹在拉力试验机上,在试样两端缓缓地施加载荷,使之承受轴向静拉力。试样随着载荷的不断增加,被逐步拉长,直到拉断。试验机将自动记录每一瞬间的载荷 F 和伸长量 ΔL,并绘出拉伸曲线。

图 8-2 所示为低碳钢的拉伸曲线。由图可知,当外力小于 F_e 时,试样的变形属于弹性变形,此时载荷 F 与伸长量 ΔL 为线性关系,而载荷去除后试样将恢复到原始长度。荷载超过 F_e 之后,试样除发生弹性变形外,还发生部分塑性变形,此时,外力去除后试样不能恢复到原始长度,这是由于其中的塑性变形已不能恢复,形成永久变形的缘故。当外力增大到 F_s 以后,拉伸图上出现了水平线段,这表示载荷虽未增加,但试样仍继续发生塑性变形而伸长,这种现象称为屈服,s 点称为屈服点。此后,载荷增大,塑性变形将明显加大。当载荷超过 F_b 以后,试样上某部分开始变细,出现了"缩颈"(图 8-1(b)),由于其截面缩小,使继续变形所需的载荷下降。载荷达到 F_k 时,试样在缩颈处断裂。

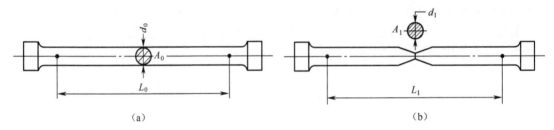

图 8-1 拉伸试样

为使曲线能够直接反映出材料的力学性能,可将纵坐标的载荷改用应力 σ 表示(试样单位横截面的拉力,$\sigma = \dfrac{F}{A_0}$),横坐标的变形量改用应变 ε 表示(试样单位长度的伸长量,$\varepsilon = \dfrac{\Delta L}{L_0}$)。由此绘成的曲线称为应力-应变曲线。$\sigma$-$\varepsilon$ 曲线和 F-ΔL 曲线形状相同,仅是坐标含义不同。

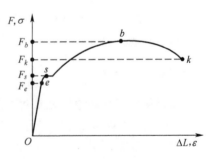

图 8-2 低碳钢的拉伸曲线

(一)强度

强度是金属材料在力的作用下,抵抗塑性变形和断裂的能力。强度有多种指标,工程上以屈服强度和抗拉强度最为常用。

(1)屈服强度,它是拉伸试样产生屈服时的应力。屈服强度可按下式计算:

$$\sigma_s = \frac{F_s}{A_0}$$

式中 σ_s——试样产生屈服时的应力,MPa;

F_s——试样屈服时所承受的最大载荷,N;

A_0——试样原始截面积,mm^2。

对于没有明显屈服现象的金属材料,工程上规定以试样产生 0.2% 塑性变形时的应力作为该材料的屈服点,用 $\sigma_{0.2}$ 表示。

(2) 抗拉强度，它是指金属材料在拉断前所能承受的最大应力，以 σ_b 表示。它可按下式计算：

$$\sigma_b = \frac{F_b}{A_0}$$

式中　σ_b——试样在拉断前所能承受的最大应力，MPa；

　　　F_b——试样在拉断前所承受的最大载荷，N；

　　　A_0——试样原始截面积，mm^2。

在评定金属材料及设计机械零件时，屈服强度 σ_s 和抗拉强度 σ_b 具有重要意义，由于机械零件或金属构件工作时，通常不允许发生塑性变形，因此多以 σ_s 作为强度设计的依据。但对于脆性材料（如灰铸铁），因断裂前基本不发生塑性变形，故无屈服点可言，在强度计算时则以 σ_b 为依据。

(二) 塑性

塑性是金属材料在力的作用下，产生不可逆永久变形的能力。常用的塑性指标是伸长率和断面收缩率。

(1) 伸长率。试样拉断后，其标距的伸长与原始标距的百分比称为伸长率，以 δ 表示：

$$\delta = \frac{L_1 - L_0}{L_0} \times 100\%$$

式中　L_0——试样原始标距长度，mm；

　　　L_1——试样拉断后的标距长度，mm。

必须指出，伸长率的数值与试样尺寸有关，因而试验时应对所选定的试样尺寸作出规定，以便进行比较。如 $L_0 = 10d_0$ 时用 δ_{10} 或 δ 表示；$L_0 = 5d_0$ 时用 δ_5 来表示。同一种材料测得的 δ_5 比 δ_{10} 要大一些。

(2) 断面收缩率。试样拉断后，缩颈处截面积的最大缩减量与原始横截面积的百分比称为断面收缩率，以 ψ 表示：

$$\psi = \frac{A_0 - A_1}{A_0} \times 100\%$$

式中　A_0——试样的原始横截面积，mm^2；

　　　A_1——试样拉断后，断口处横截面积，mm^2。

δ 和 ψ 数值越大，表示材料的塑性越好。良好的塑性不仅是金属材料进行轧制、拉拔、锻造、冲压、焊接的必要条件，而且在使用中一旦超载，由于产生塑性变形，能够避免突然断裂，从而增加零件的安全性。

二、硬度

金属材料表面抵抗局部变形，特别是塑性变形、压痕、划痕的能力称为硬度。硬度是衡量金属软硬的指标。硬度直接影响金属材料的耐磨性，因为机械制造所用的刀具、量具、模具及零件的耐磨表面都应具有足够高的硬度，才能保证其使用性能和寿命。若所加工金属坯料的硬度过高，则会给切削加工或其他工艺带来困难。显然硬度也是重要的力学性能指标。

金属材料的硬度是在硬度计上测出的，常用的有布氏硬度法和洛氏硬度法。

(一) 布氏硬度(HB)法

布氏硬度的测试原理如图8-3所示。它是以直径为 D 的淬火钢球或硬质合金球为压头,在载荷的静压力下,将压头压入被测材料的表面(图8-3(a)),停留若干秒后卸去载荷(图8-3(b)),然后采用带刻度的专用放大镜测出压痕直径d,并依据d的数值从专门的表格中查出相应的HB值。

布氏硬度法测试值较稳定,准确度较洛氏硬度法高。缺点是测量费时,且压痕较大,不适于成品检验。

传统的布氏硬度计以淬火钢球为压头,以HBS表示,这种硬度计在我国生产和使用已达半个世纪之久。它可通过改变压头钢球的直径和载荷的大小测试不同材料、不同厚度的试样,常用的钢球直径为10mm、载荷为30000N。主要用于测试450HBS以下的灰铸铁、软钢和非铁合金等。

近些年来发展出以硬质合金球为压头的新型布氏硬度计,以HBW表示,它可测试650HBW以下的淬火钢材,从而扩大了布氏硬度法的适用范围。为了推动HBW的发展,又发布了标准GB/T 231.1—2002,标准中增加了压头直径和载荷范围。考虑到HBS仍然被广泛应用,因此HBS与HBW将在相当长的时间内并行使用。

(二) 洛氏硬度(HR)法

洛氏硬度的测试原理是将压头(金刚石圆锥体、淬火钢球或硬质合金球)按图8-4施以100N的初始压力,使压头与试样始终保持紧密接触。然后,向压头施加主载荷,保持数秒后卸除主载荷,以残余压痕深度计算其硬度值。实际测量时,由刻度盘上的指针直接指示出HR值。

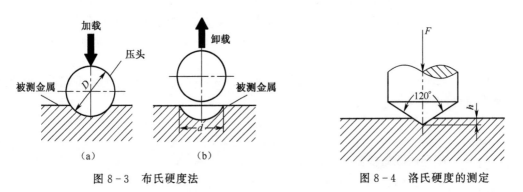

图8-3 布氏硬度法　　　　　　　　　图8-4 洛氏硬度的测定

为了使硬度计能测试从软到硬各种材料的硬度,其压头和载荷可以变更。依照GB/T 230.1—2004《洛氏硬度试样》,新型洛氏硬度的压头有120°金刚石圆锥体、ϕ1.5875mm钢球、ϕ3.175mm钢球3种;刻度盘上有A,B,…,K 9种标尺,分别表示HRA,HRB,…,HRK。表8-2列出了几种测试规范,其中以HRC应用最广。

表8-2 洛氏硬度测试规范示例

标尺	压头类型	主载荷	适用测试材料	有效值
HRA	120°金刚石圆锥体	50kgf(490.3N)	硬质合金、表面淬火钢等	20~88
HRB	ϕ1.5875mm钢球	90kgf(882.6N)	退火钢、灰铸铁、有色合金等	20~100
HRC	120°金刚石圆锥体	140kgf(1373N)	淬火钢、调质钢等	20~70

洛氏硬度法测试简便、迅速,因压痕小、不损伤零件,可用于成品检验。其缺点是测得的硬度值重复性较差,需在不同部位测量数次。

必须指出,各种硬度与强度间有一定的换算关系,故在零件图的技术条件中,通常只标出硬度要求。表8-3列出了几种硬度与强度的关系。

表8-3　几种硬度与碳素钢抗拉强度的换算关系(摘自 GB/T 1172—1999)

HRC	HRA	HBS	HBW	σ_b/MPa	HRC	HRA	HBS	HBW	σ_b/MPa
25.0	62.8	251	—	875	40.0	70.5	370	370	1271
30.0	65.3	283	—	989	45.0	73.2	424	428	1459
35.0	67.9	323	—	1119	50.0	75.8	—	502	1710

三、韧性

许多机器零件,如锤杆、锻模、火车挂钩、活塞销等工作中承受冲击载荷,因此必须考虑金属材料抵抗冲击载荷的能力。

金属材料断裂前吸收变形能量的能力称为韧性。韧性的常用指标为冲击韧性。

金属材料的韧性通常采用摆锤冲击弯曲试验机来测定。试验时,将方形的标准冲击试样(参见 GB/T 229—1994)放在摆锤冲击弯曲试验机(图8-5)的支座上,然后抬起摆锤,让它从一定的高度 H_1 自由落下,将试样一次冲断。之后,摆锤凭借剩余的能量又上升到 H_2 的高度。冲击韧性可按下式计算:

$$a_K = \frac{A_K}{S}$$

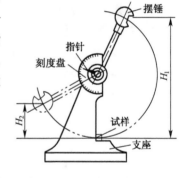

图8-5　摆锤冲击弯曲试验机

式中　a_K——冲击韧性(冲击值),J/cm²;

A_K——冲断试样所消耗的冲击功(在刻度盘上直接读出),J;

S——试样缺口处的横截面积,cm²。

通常情况下,在试样中部开有缺口,以便于冲断。对于脆性材料(如铸铁、淬火钢等),试样一般不开缺口,以防冲击值过低,难以比较不同金属材料冲击性能的差异。

冲击值的大小与很多因素有关。它不仅受试样形状、表面粗糙度及内部组织的影响,还与试验时的环境温度有关。因此,冲击值的大小一般仅作为选择材料时的参考,不直接用于强度计算。

四、疲劳强度

机器上许多零件,如主轴、曲轴、齿轮、连杆、弹簧等在工作中各点的应力随时间产生周期性变化,这种应力称为循环应力或交变应力。承受循环应力的零件在工作一段时间后,有时突然发生断裂,而其所承受的应力往往低于该金属材料的屈服点,这种断裂称为疲劳断裂。

通过材料的疲劳试验,可得出循环应力 σ 与断裂前的应力循环次数 N 具有图8-6疲劳曲线所示的关系。由图可知,材料所承受的循环应力越大,产生断裂的应力循环次数越少;当循环应力低于某定值时,疲劳曲线呈水平线,表示该金属材料在此应力下可经受无数次应力循环仍不发生疲劳断裂,此应力值称为材料的疲劳强度。对于按正弦曲线变化的对称循环应力,其疲劳强度以符号 σ_{-1} 表示。

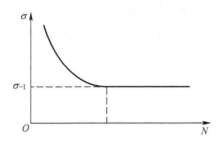

图 8-6 疲劳曲线

由于实际测试时不可能做到无数次应力循环,故在疲劳试验时各种金属材料应有一定的应力循环基数。如钢材以 10^7 为基数,即循环次数达到 10^7 仍不发生疲劳断裂,就认为不会再发生疲劳断裂。对于非铁合金和某些高强度钢,则常取 10^8 为基数。

一般认为产生疲劳断裂的原因,是由于材料有内部缺陷、表面划痕及其他能引起应力集中的缺陷,导致产生微裂纹。这种微裂纹随应力循环次数的增加而逐渐扩展,致使零件的有效截面积逐步缩小,直至不能承受所加载荷而突然断裂。

为了提高零件的疲劳强度,除应改善其形状结构、减少应力集中外,还可采取表面强化的方法,如提高零件的表面质量、进行喷丸处理和表面热处理等。同时,应控制材料的内部质量,避免气孔、夹渣等缺陷。

第二节　铁 碳 合 金

钢和铸铁是制造机器设备的主要金属材料,它们都是以铁、碳为主组成的合金,即铁碳合金。其中,铁的含量大于 95%,是最基本的组元。因此,欲了解钢和铸铁的本质,首先要了解纯铁的晶体结构。

一、纯铁的晶体结构及其同素异构转变

(一) 金属的结晶

金属在固态下一般都是晶体,即原子在空间呈规律性排列,而在液态下,金属原子的排列并不规则。因此,金属的结晶就是金属液态转变为晶体的过程,亦即金属原子由无序到有序的排列过程。

纯金属的结晶是在一定的温度下进行的,它的结晶过程可用冷却曲线(图 8-7)来表示。冷却曲线是用热分析法测定出来的。从图 8-7 可以看出,曲线上有一水平线段,这就是实际结晶温度,因为结晶时放出的结晶潜热使温度不再下降,所以该线段是水平的。从图中还可看出,实际结晶温度低于理论结晶温度(平衡结晶温度),这种现象称为"过冷"。理论结晶温度与实际结晶温度之差,称为过冷度。过冷度的大小与冷却速度密切相关。冷却速度越快,实际结晶温度就越低,过冷度就越大;反之,冷却速度越慢,过冷度越小。

液态金属的结晶过程是遵循"晶核不断形成和长大"这个结晶基本规律进行的。图 8-8 为金属结晶过程示意图。开始时,液态中先出现的一些极小晶体称为晶核。在这些晶核中,有些是依靠原子自发地聚集在一起,按金属晶体固有规律排列而成的,这些晶核称为自发晶核。金属的冷却速度越快,自发晶核越多。另外,液态中有时有些高熔点杂质形成的微小固体质点中的某些质点也可起晶核作用,这种晶核称为外来晶核或非自发晶核。在晶核出现之后,液态金属的原子就以它为中心,按一定几何形状不断地排列起来形成晶体。晶体沿着各个方向生长的速度是不均匀的,通常按照一次晶轴、二次晶轴……呈树枝状长大。在原有晶体长大的同时,在剩余液态中又陆续出现新的晶核,这些晶核也同样长大成晶体,这样就使液态越来越少。当晶体长大到与相邻的晶体互相抵触时,这个方向的长大便停止了。当全部晶体都彼此相遇、液态耗尽时,结晶过程即告结束。

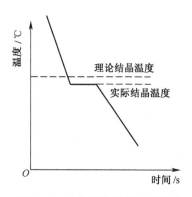

图 8-7 纯金属结晶的冷却曲线

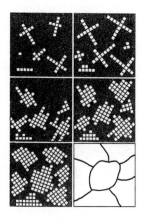

图 8-8 金属结晶过程示意图

由上述可知,固态金属通常是由多晶体构成的,每个晶核长成的晶体称为晶粒,晶粒之间的接触面称为晶界。晶粒的外形是不规则的,各晶粒内部原子排列的位向也各不相同。

金属晶粒的粗细对其力学性能影响很大。一般来说,同一成分的金属,晶粒越细,其强度、硬度越高,而且塑性和韧性也越好。因此,促使和保持晶粒细化是金属冶炼和热加工过程中的一项重要任务。影响晶粒粗细的因素很多,但主要取决于晶核的数目。晶核越多,晶核长大的余地越小,长成的晶粒越细。细化铸态金属晶粒的主要途径如下:

(1) 提高冷却速度,以增加晶核的数目。

(2) 在金属浇注之前,向金属液内加入变质剂(孕育剂)进行变质处理,以增加外来晶核。

此外,还可采用热处理或塑性加工方法,使固态金属晶粒细化。

(二) 纯铁的晶体结构

晶体中原子的排列情况如图 8-9(a)所示的球体模型。由图可见,这些原子在空间堆积在一起,难以看清其内部排列规律。为便于研究晶体中原子排列规律,可将原子抽象化,即将每个原子看成是一个点,再把相邻原子中心用假想的直线连接起来,使之形成晶格(图 8-9(b))。由于晶体中原子排列具有周期性规律,因此,可从晶格中取出一个最基本的几何单元,这个单元称为晶胞(图 8-9(c))。在研究金属晶体结构时,取出一个晶胞来分析就可以了。晶胞中各棱边的长度称为晶格常数,其大小以 Å(埃)来度量($1Å=10^{-8}$cm)。各种金属晶体结构的主要差别就在于其晶格类型和晶格常数的不同。

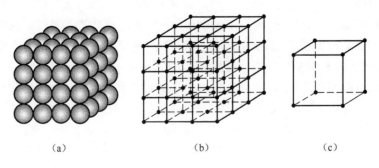

图 8-9 简单立方体的晶格与晶胞
(a)晶体中的原子排列；(b)晶格；(c)晶胞。

纯铁的晶格有体心立方和面心立方两种：

(1) 体心立方晶格。体心立方晶格的晶胞是一个长、宽、高相等的立方体。在立方体的八个顶角上各有一个原子，在立方体的中心还有一个原子，如图 8-10(a)所示。

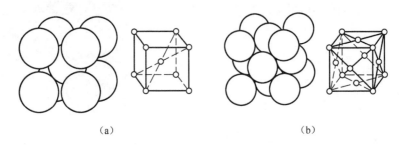

图 8-10 纯铁的晶体构造
(a)体心立方晶胞；(b)面心立方晶胞。

(2) 面心立方晶格。面心立方晶格的晶胞也是个立方体，除在立方体的八个顶角上各有一个原子外，在立方体六个面的中心处还各有一个原子，如图 8-10(b)所示。

(三) 纯铁的同素异构转变

大多数金属在结晶之后，直至冷却到室温，其晶格类型都将保持不变。但铁和锡、钛、锰等金属在结晶之后，在不同温度范围内将呈现出不同的晶格。这种随着温度的改变，固态金属的晶格也随之改变的现象称为同素异构转变。

图 8-11 所示为纯铁的冷却曲线。由图可见，冷却曲线上有三个水平台。它的第一个水平台(1538℃)表示纯铁由液态转变成固态的结晶阶段。结晶后铁的晶格是体心立方，称为 δ-Fe。当温度继续下降到1394℃的水平台时，发生了同素异构转变，铁的晶格由体心立方转变成面心立方，称为 γ-Fe。当温度继续下降到912℃时，再次发生同素异构转变，又转变成体心立方，称为 α-Fe。上述的同素异构转变对钢铁的热处理甚有意义。

$$\delta-Fe \xrightleftharpoons{1394℃} \gamma-Fe \xrightleftharpoons{912℃} \alpha-Fe$$
（体心）　　　（面心）　　　（体心）

同素异构转变是在固态下原子重新排列的过程，从广义上说也属于结晶过程。因为它也遵循晶核形成与晶核长大的结晶规律，它的转变也在一定的过冷度下进行，同时，也产生结晶

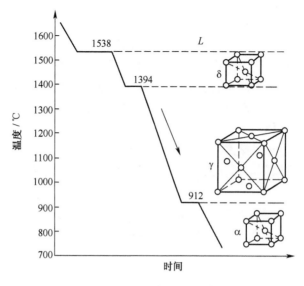

图 8-11 纯铁的冷却曲线

热效应。为了区别于由液态转变为固态的初次结晶,常将同素异构转变称为二次结晶或重结晶。

同素异构转变时,由于晶格结构的转变,原子排列的密度也随之改变。如面心立方晶格 γ-Fe 中铁原子的排列比 α-Fe 紧密,故由 γ-Fe 转变为 α-Fe 时,金属的体积将发生膨胀。反之,由 α-Fe 转变为 γ-Fe 时,金属的体积要收缩。这种体积变化使金属内部产生的内应力称为组织应力。

二、铁碳合金的基本组织

两种或两种以上的金属元素,或金属与非金属元素熔合在一起,构成具有金属特性的物质称为合金。机械制造中广泛应用的是合金,而不是纯金属。因为合金比纯金属有较高的强度和硬度,且成本较低,同时,还可通过改变合金的成分和进行不同的热处理,在很大范围内调整其性能。

组成合金的元素称为组元。如铁、碳是钢和铸铁中的组元。合金中的稳定化合物(如 Fe_3C)也可作为组元。

合金的结构比纯金属复杂得多,因为合金组元的相互作用可构成不同的相。在合金组织中,化学成分、晶格构造和物理性能相同的均匀组成部分称为相。例如,钢液为一个相,称液相;但在结晶过程中液态和固态的钢共存,此时,它们各是一个相。必须指出,由于在不同条件下,同一组成物的相结构,其形状、大小和分布可发生改变。因此,按照显微镜下各相的形态特征,又可分成不同的组织。研究金属在加热或冷却过程中的组织转变规律是非常重要的。

铁碳合金的组织结构相当复杂,并随其成分、温度和冷却速度而变化。按照铁和碳相互作用形式的不同,铁碳合金的组织可分为固溶体、金属化合物和机械混合物三种类型。

(一) 固溶体

有些合金的组元在固态时,具有一定的互相溶解能力。例如,一部分碳原子能够溶解到铁的晶格内,此时,铁是溶剂,碳是溶质,而合金的晶格仍保持铁的原有晶格类型,这种溶质原子溶入溶剂晶格而仍保持溶剂晶格类型的金属晶体,称为固溶体。固溶体是均匀的固态物质,所溶入的溶质即使在显微镜下也不能区别出来,因此固溶体属于单相组织。

根据溶质原子在溶剂晶格中所占据位置的不同,固溶体可分为置换固溶体和间隙固溶体。当溶质原子代替了一部分溶剂原子、占据溶剂晶格的某些结点位置时,所形成的固溶体称为置换固溶体。当溶质原子在溶剂晶格中不是占据结点位置,而是嵌入各结点之间的空隙时,所形成的固溶体称为间隙固溶体。

铁碳合金中的固溶体都是碳溶入铁的晶格中的间隙固溶体(图 8-12)。此时,碳的溶解度是有限度的,即属于有限固溶体。碳在铁中的溶解度主要取决于铁的晶格类型,并随温度的升高而增加。

形成固溶体时,溶剂晶格将产生不同程度的畸变,图 8-13 为间隙固溶体的晶格畸变。这种畸变使塑性变形阻力增加,表现为固溶体的强度、硬度有所增加,这种现象称为固溶强化。

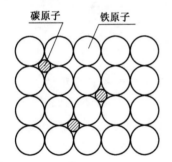

图 8-12 铁碳合金固溶体示意图

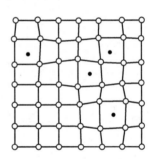

图 8-13 间隙固溶体的晶格畸变

碳既可溶入 α-Fe、γ-Fe,也可溶入 δ-Fe,形成不同的固溶体。

(1) 铁素体。碳溶解于 α-Fe 中形成的固溶体称为铁素体,呈体心立方晶格,通常以符号 F 表示。α-Fe 的溶碳能力极小,600℃ 时溶碳量仅为 0.006%,727℃ 时最大溶碳量仅 0.0218%。

铁素体因溶碳极少,固溶强化作用甚微,故力学性能与纯铁相近。其性能特征是强度、硬度低,塑性、韧性好,如 $\sigma_b \approx 250 \text{MPa}$、$\delta = 45\% \sim 50\%$、80HBS。铁素体在显微镜下为明亮的多边形晶粒,但晶界曲折,如图 8-14(a)所示。

(2) 奥氏体。碳溶入 γ-Fe 中形成的固溶体称为奥氏体,呈面心立方晶格,以符号 A 表示。

γ-Fe 的溶碳能力较 α-Fe 高许多。如在 1148℃ 时,最大溶碳量为 2.11%;温度降低时,溶碳能力也随之下降,到 727℃ 时,溶碳量为 0.77%。由于 γ-Fe 仅存在于高温,因此,稳定的奥氏体通常存在于 727℃ 以上,故在铁碳合金中奥氏体属于高温组织。

奥氏体的力学性能与其溶碳量有关。一般来说,其强度、硬度不高,但塑性优良($\delta = 40\% \sim 50\%$)。在钢的轧制或锻造时,为使钢易于进行塑性变形,通常将钢加热到高温,使之呈奥氏体状态。

在显微镜下,奥氏体也是多边形晶粒,但晶界较铁素体更为平直,并存有双晶带,如图 8-14(b)所示。

(a) (b)

图 8-14 铁素体和奥氏体

(a) 铁素体；(b) 奥氏体。

（二）金属化合物

金属化合物是各组元按一定整数比结合而成，并具有金属性质的均匀物质，属于单相组织。金属化合物与金属中存有的某些非金属化合物有着本质不同，如钢铁中的 FeS、MnS 不具有金属性质，故属非金属夹杂物。

金属化合物一般具有复杂的晶格，且与构成化合物的各组元晶格皆不相同，其性能特征是硬而脆。

铁碳合金中的渗碳体（Fe_3C）属于金属化合物。它的硬度极高，可以刻划玻璃，而塑性、韧性极低，伸长率和冲击韧性近于零。

渗碳体是钢铁中的强化相，其组织可呈片状、球状、网状等不同形状。渗碳体的数量、形状和分布对钢的性能有很大影响。

渗碳体在一定条件下可发生分解，形成石墨，其反应式为

$$Fe_3C \longrightarrow 3Fe + C_{石墨}$$

（三）机械混合物

机械混合物是由结晶过程所形成的两相混合组织。它可以是纯金属、固溶体或化合物各自的混合，也可以是它们之间的混合。机械混合物各相均保持其原有的晶格，因此机械混合物的性能介于各组成相之间，它不仅取决于各相的性能和比例，还与各相的形状、大小和分布有关。

铁碳合金中的机械混合物有珠光体和莱氏体。

(1) 珠光体。铁素体和渗碳体组成的机械混合物称为珠光体，用符号 P 或（$F+Fe_3C$）表示。

珠光体的含碳量为 0.77%。由于渗碳体在混合物中起强化作用，因此，珠光体有着良好的力学性能，如其抗拉强度高（$\sigma_b \approx 750$MPa）、硬度较高（180HBS），且仍有一定的塑性和韧性（$\delta=20\% \sim 25\%$、$a_K=30 \sim 40$J/cm^2）。

珠光体在显微镜下呈层片状,如图 8-15 所示,其中白色基体为铁素体,黑色层片为渗碳体。

(2)莱氏体。莱氏体分为高温莱氏体和低温莱氏体。奥氏体和渗碳体组成的机械混合物称为高温莱氏体,用符号 Ld 或($A+Fe_3C$)表示。由于其中的奥氏体属高温组织,因此,高温莱氏体仅存在于 727℃ 以上。高温莱氏体冷却到 727℃ 以下时,将转变为珠光体和渗碳体的机械混合物($P+Fe_3C$),称为低温莱氏体,用符号 Ld' 表示。

莱氏体的含碳量为 4.3%。由于莱氏体中含有的渗碳体较多,故性能与渗碳体相近,极为硬脆。

图 8-15 珠光体

三、铁碳合金状态图

铁碳合金的结晶过程比纯铁复杂得多,不同含碳量的铁碳合金的结晶过程差别很大,其结晶过程用铁碳合金状态图来表示。

铁碳合金状态图是以温度为纵坐标、合金成分(含碳量)为横坐标的图形,如图 8-16 所示。图中横坐标仅标出了含碳量小于 6.69% 的部分,这是因为含碳过高的铁碳合金在工业上没有实用价值。由于 Fe_3C 的含碳量为 6.69%,是个稳定的化合物,故可作为合金的一个组元,因此,这个状态图实际上是 $Fe-Fe_3C$ 状态图。它是研究不同含碳量的钢和铸铁在不同温度下组织变化规律的重要工具。

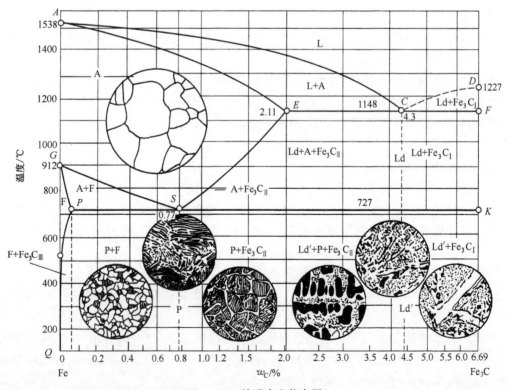

图 8-16 铁碳合金状态图

铁碳合金状态图相当复杂,图 8-16 所示的左上角部分已进行了简化,但这并不影响其在工程上的实际应用。

铁碳合金状态图是人们经过长期生产实践,并经过大量科学实验总结出来的。为了建立状态图,首先要配制多种成分合金,分别加热熔化后缓慢冷却。当合金状态或组织发生变化时,由于热效应而使冷却曲线发生转折,形成临界点(图 8-7)。而后,将性质相同的临界点连接起来,便可构成状态图。为了弥补热分析法的不足,有时还需采用金相分析法、膨胀法、磁性法等。

(一) 铁碳合金状态图的分析

铁碳合金状态图中有四个基本相,即液相(L)、奥氏体相(A)、铁素体相(F)和渗碳体相(Fe_3C),它们各有其相应的单相区。

在铁碳合金状态图中,用字母标出的点都有其特定的意义,称为特性点。主要特性点的温度、含碳量和含义列于表 8-4 中。

表 8-4 铁碳合金状态图中各特性点

特性点	温度/℃	含碳量/%	含 义
A	1538	0	纯铁的熔点
C	1148	4.3	共晶点
D	1227	6.69	渗碳体的熔点①
E	1148	2.11	碳在 γ-Fe 中的最大溶解度
F	1148	6.69	渗碳体的成分点
G	912	0	α-Fe ⇌ γ-Fe 同素异构转变点
S	727	0.77	共析点
P	727	0.0218	碳在 α-Fe 中的最大溶解度
Q	室温	0.0008	室温时,碳在 α-Fe 中的溶解度

注:① 由于渗碳体在熔化前便已开始分解,其精确的熔点难以测出,因此,图 8-16 中的 CD 线采用虚线。表中的 1227℃是计算值。

状态图中各条线都表示铁碳合金发生组织转变的界限,所以这些线就是组织转变线,又称特性线。现简单介绍图 8-16 中的一些主要线的含义:

(1) ACD 线——液相线。此线以上的区域是液相区,以符号 L 表示。液态合金冷却到此线温度时,便开始结晶。

(2) AECF 线——固相线。表示合金冷却到此线温度时,将全部结晶成固态。

在液相线和固相线之间所构成的两个区域(ACE 区和 CDF 区)中,都是包含着液态合金和结晶体的两相区,不过这两个区所包含的结晶体不同。因为液态合金沿 AC 线结晶出来的是奥氏体,而沿 CD 线结晶出来的是渗碳体。由液态合金直接析出的渗碳体称为初生渗碳体或一次渗碳体(Fe_3C_I)。显然,ACE 区包含着液态合金和奥氏体两个相,而 CDF 区包含着的是液态合金和渗碳体两个相。

液态合金在 C 点(1148℃、含碳量为 4.3%)通过共晶反应将同时结晶出奥氏体和渗碳体的机械混合物——莱氏体,其反应式为

$$L_C \xrightleftharpoons{1148℃} Ld(A+Fe_3C)$$

ECF 线又称共晶线,因为含碳量 2.11%～6.69% 的所有合金(即铸铁)经过此线都要发生共晶反应,除 C 点成分合金全部结晶成莱氏体外,其他成分合金都将形成一定量的莱氏体,这是铸铁结晶的共同特征。

(3) GS 线——奥氏体在冷却过程中析出铁素体的开始线。奥氏体之所以转变成铁素体,是 $\gamma-Fe \longrightarrow \alpha-Fe$ 同素异构转变的结果。GS 线常以符号 A_3 表示。

(4) ES 线——碳在奥氏体中的溶解度曲线。由图可见,温度越低,奥氏体的溶碳能力越小,过饱和的碳将以渗碳体形式析出。因此,ES 线也是冷却时从奥氏体中析出渗碳体的开始线。ES 线常以符号 A_{cm} 表示。

(5) PSK 线——共析线,常以符号 A_1 表示。

当 S 点成分的奥氏体冷却到 PSK 线温度时,将同时析出铁素体和渗碳体的机械混合物——珠光体。上述反应称为共析反应,其反应式为

$$A_S \xrightleftharpoons{727℃} P(F+Fe_3C)$$

各种成分的铁碳合金冷却至 PSK 线温度时都要发生共析反应。除 S 点成分合金全部转变成珠光体外,其他成分的合金都将形成一定量的珠光体,这对莱氏体中的奥氏体也不例外,故在 727℃ 以下的低温莱氏体为珠光体和渗碳体的机械混合物。

(6) PQ 线——碳在铁素体中的溶解度曲线。铁素体冷却到此线,将以 Fe_3C 形式析出过饱和的碳,这种由铁素体中析出的渗碳体称为三次渗碳体($Fe_3C_{Ⅲ}$)。由于三次渗碳体数量极少,对钢铁性能的影响一般可忽略不计。可将铁碳合金状态图的左下角予以简化,但铁素体这个相不应忽略,并应与纯铁加以区分。

根据含碳量的不同,可将铁碳合金分为钢和铸铁两大类。

钢是指含碳量小于 2.11% 的铁碳合金。依照室温组织的不同,可将钢分为如下三类:

亚共析钢——含碳量<0.77%;

共析钢——含碳量=0.77%;

过共析钢——含碳量>0.77%。

铸铁即生铁,它是指含碳量为 2.11%～6.69% 的铁碳合金。依照室温组织的不同,可将铸铁分为如下三类:

亚共晶铸铁——含碳量<4.3%;

共晶铸铁——含碳量=4.3%;

过共晶铸铁——含碳量>4.3%。

(二) 钢在结晶过程中的组织转变

在铁碳合金状态图的实际应用中,常需分析具体成分合金在加热或冷却过程中的组织转变。下面以图 8-17 所示的典型成分的碳钢为例,分析它们在缓慢冷却过程中的组织转变规律。

(1) 共析钢。它是指 S 点成分合金,如图 8-17 中的合金Ⅰ所示。合金在 1 点以上温度时全部为液态。当缓慢冷却到 1 点以后,开始从钢液中结晶出奥氏体,随着温度的降低,奥氏体越来越多,而剩余钢液越来越少,直到 2 点结晶完毕,全部形成奥氏体。合金在 2 点以下为单一的奥氏体,直至冷却到 3 点(即 S 点)以前,不发生组织转变。当冷却至 3 点温度时,即到达共析温度,奥氏体将发生前述的共析反应,转变成铁素体和渗碳体的机械混合物,即珠光体。

此后,在继续冷却过程中不再发生组织变化(三次渗碳体的析出不计),故共析钢的室温组织全部为珠光体(参见图8-15的显微图片)。

图8-18为共析钢的结晶过程示意图。

(2)亚共析钢。它是指S点成分以左的合金,如图8-17中的合金Ⅱ所示。当合金Ⅱ冷却到1点以后,开始从钢液中结晶出奥氏体,直到2点全部结晶成奥氏体。当合金Ⅱ继续冷却到GS线上的3点之前,不发生组织变化。当温度继续降低到3点以后,将由奥氏体中逐渐析出铁素体。由于铁素体的含碳量很低,致使剩余奥氏体的含碳量沿着GS线增加。当温度下降到4点时,剩余奥氏体的含碳量已增加到S点的对应成分,即共析成分。到达共析温度4点后,剩余奥氏体因发生共析反应转变成珠光体,而已析出的铁素体不再发生变化。4点以下其组织不变。因此,亚共析钢的室温组织由铁素体和珠光体构成。

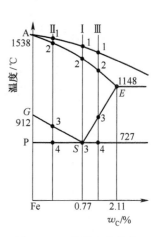

图8-17 铁碳合金状态图的典型合金

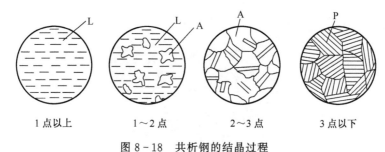

图8-18 共析钢的结晶过程

图8-19为含碳量0.2%钢的显微组织图,其中白色为铁素体,黑色为珠光体,图8-20为亚共析钢结晶过程示意图。

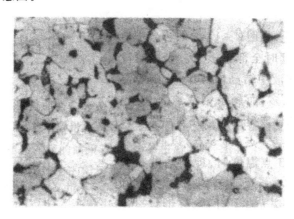

图8-19 含碳量0.2%钢的显微组织

亚共析钢随其含碳量增加,由于珠光体的含量增多、铁素体的含量减少,因而钢的强度、硬度增加,塑性、韧性降低。

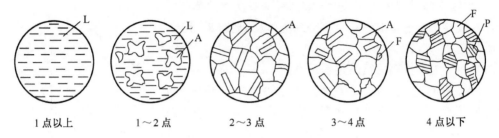

图 8-20 亚共析钢结晶过程

(3) 过共析钢。它是指含碳量超过 S 点成分的钢,如图 8-17 中的合金Ⅲ所示。合金Ⅲ由液态冷却到 3 点之前,其结晶过程与合金Ⅰ、Ⅱ相同。当温度降低到 ES 线上 3 点之后,由于奥氏体的溶碳能力不断降低,将由奥氏体中不断以 Fe_3C 形式、沿着奥氏体晶界析出多余的碳,这种由奥氏体析出的渗碳体称为二次渗碳体($Fe_3C_Ⅱ$)。由于析出含碳较高的 $Fe_3C_Ⅱ$,剩余奥氏体的含碳量将沿着它的溶解度曲线(ES 线)降低。当温度降低到共析温度的 4 点时,奥氏体达到共析成分,并转变为珠光体。此后继续降温,组织不再发生变化。因此,过共析钢的室温组织由珠光体和二次渗碳体组成。图 8-21 为过共析钢的显微组织图。图中黑色为珠光体,在珠光体晶界上呈白色网状的为二次渗碳体。图 8-22 为过共析钢的结晶过程示意图。

图 8-21 过共析钢的显微组织

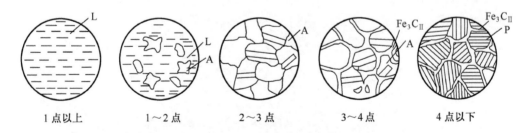

图 8-22 过共析钢的结晶过程

除了钢之外,铸铁也是重要的铁碳合金。但依照图 8-16 所示的 $Fe-Fe_3C$ 状态图结晶出来的铸铁,由于存有相当比例的莱氏体,性能硬脆,所以难以进行切削加工。这种铸铁因断口呈银白色,故称白口铸铁。白口铸铁在机械制造中极少用来制造零件,因此,对其结晶过程不做进一步分析。机械制造广泛应用的是灰铸铁,其中碳主要以石墨状态存在。

铁碳合金状态图不仅为合理选择钢铁材料提供了依据,而且还是制定铸造、锻造、焊接和热处理等工艺规范的重要工具,它将为学习本课程其他部分奠定必要的基础。

第三节 钢的热处理

钢的热处理是将钢在固态下,通过加热、保温和冷却,获得预期组织和性能的工艺。热处理与其他加工方法(如铸造、锻压、焊接和切削加工等)不同,它只改变金属材料的组织和性能,而不以改变形状和尺寸为目的。

因为现代机器设备对金属材料的性能不断提出新的要求,所以热处理的作用日趋重要。热处理可提高零件的强度、硬度、韧性、弹性等,同时还可改善毛坯或原材料的切削加工性能,使之易于加工。可见,热处理是改善金属材料的工艺性能、保证产品质量、延长使用寿命、挖掘材料潜力不可缺少的工艺方法。据统计,在机床制造中,热处理件占 60%～70%;在汽车、拖拉机制造中占 70%～80%;在刀具、模具和滚动轴承制造中,几乎全部零件都需要进行热处理。

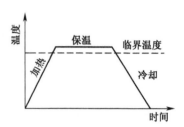

图 8-23 热处理工艺曲线示意图

热处理的工艺方法很多,大致可分如下两大类:
(1) 普通热处理。包括退火、正火、淬火、回火等。
(2) 表面热处理。包括表面淬火和化学热处理(如渗碳、氮化等)。
各种热处理都可用温度、时间为坐标的热处理工艺曲线(图 8-23)来表示。

一、钢在加热和冷却时的组织转变

(一) 钢在加热时的组织转变

加热是热处理工艺的首要步骤。多数情况下,将钢加热到临界温度以上,使原有的组织转变成奥氏体后,再以不同的冷却方式或速度转变成所需的组织,以获得预期的性能。

如前所述,铁碳合金状态图中组织转变的临界温度曲线 A_1、A_3、A_{cm} 是在极其缓慢加热或冷却条件下测定出来的,而实际生产中的加热和冷却多不是极其缓慢的,故存有一定的滞后现象,也就是需要一定的过热或过冷转变才能充分进行。通常将加热时实际转变温度位置用 Ac_1、Ac_3、Ac_{cm} 表示;将冷却时实际转变温度位置用 Ar_1、Ar_3、Ar_{cm} 表示,如图 8-24 所示。

显然,欲使共析钢完全转变成奥氏体,必须加热到 Ac_1 以上;对于亚共析钢,必须加热到 Ac_3 以上,否则难以达到应有的热处理效果。必须指出,初始形成的奥氏体晶粒非常细小,保持细小的奥氏体晶粒可使冷却后的组织继承其细小晶粒,不仅强度高,且塑性和韧性均较好。如果加热温度过高或保温时间过长,将会引起奥氏

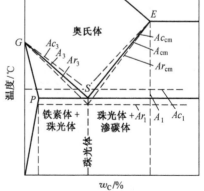

图 8-24 在加热或冷却时各临界点的位置

体的晶粒急剧长大。因此,应根据铁碳合金状态图及钢的含碳量,合理选定钢的加热温度和保温时间,以形成晶粒细小、成分均匀的奥氏体。

(二)钢在冷却时的组织转变

钢经过加热、保温实现奥氏体化后,接着便需进行冷却。依据冷却方式及冷却速度的不同,过冷奥氏体(A_1线以下不稳定状态的奥氏体)可形成多种组织。现实生产中,绝大多数是采用连续冷却方式来进行的,如将加热的钢件投入水中淬火等。此时,过冷奥氏体是在温度连续下降过程中发生组织转变的。为了探求其组织转变规律,可通过科学试验,测出该成分的钢的"连续冷却转变曲线",但这种测试难度较大,而现存资料又较少,因此目前主要是利用已有的"等温转变曲线"近似地分析连续冷却时组织转变过程,从而指导生产。

所谓"等温转变"是指将奥氏体化的钢迅速冷却到A_1以下某个温度,使过冷奥氏体在保温过程中发生组织转变,待转变完成后再冷却到室温。经改变不同温度、多次测试,绘制成等温转变曲线。各种成分的钢均有其等温转变曲线。由于这种曲线类似英文字母"C",故俗称C曲线。下面以图8-25所示的共析钢的等温转变曲线为例,简要分析。

等温转变曲线可分为如下几个区域:稳定奥氏体区(A_1线以上),过冷奥氏体区(A_1线以下,C曲线以左),A→P组织共存区(过渡区),其余为过冷奥氏体转变产物区,它又可分为如下三个区。

(1) 珠光体转变区(形成于Ar_1~550℃高温区),其转变产物为(F+Fe_3C)组成的片层状机械混合物(图8-15)。依照形成温度的高低及片层的粗细,又可分成三种组织:

① 珠光体(Ar_1~650℃形成),属于粗片层珠光体,以符号P表示;
② 细片状珠光体(650~600℃形成),常称为索氏体,以符号S表示;
③ 极细片状珠光体(600~550℃形成),常称为屈氏体,以符号T表示。

(2) 贝氏体转变区(形成于550℃~M_s中温区),常以符号B表示。

(3) 马氏体转变区(形成于M_s以下的低温区)。钢在淬火时,过冷奥氏体快速冷却到M_s以下,由于已处于低温,只能发生$\gamma-Fe \longrightarrow \alpha-Fe$的同素异构转变,而钢中的碳却难以从溶碳能力很低的$\alpha-Fe$晶格中扩散出去,这样就形成了碳在$\alpha-Fe$中的过饱和固溶体,称为马氏体(以符号M表示)。由于碳的严重过饱和,致使马氏体晶格发生严重的畸变,因此中碳以上的马氏体通常具有高硬度,但韧性很差。实践证明,低碳钢淬火所获得的低碳马氏体虽然硬度不高,但有着良好的韧性,也具有一定的使用价值。

图8-25中M_s是马氏体开始转变的温度线,M_f是马氏体转变的终止温度线,M_s、M_f随着钢含碳量的增加而降低。由于共析钢的M_f为-50℃,故冷却至室温时,仍残留少量未转变的奥氏体。这种残留的奥氏体称为残余奥氏体,以符号A'表示。显然,共析钢淬火到室温的最终产物为M+A'。

图8-26所示为共析钢等温转变曲线在连续冷却中的应用:

v_1示出在缓慢冷却(如在加热炉中随炉冷却)时,根据它与等温转变曲线相交的位置,可获得珠光体组织。

v_2示出在较缓慢冷却(如加热后从炉中取出在空气中冷却)时,可获得索氏体组织。

v_3示出快速冷却(如加热后在水中淬火)时,可获得马氏体(包括少量A')组织。

v_K为过冷奥氏体获得全部马氏体(包括少量A')的最低冷却速度,称为临界冷却速度。

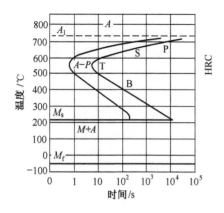

图 8-25 共析钢的等温转变曲线

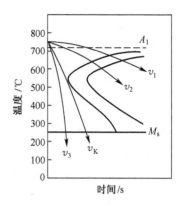

图 8-26 共析钢等温转变曲线在连续冷却中的应用

二、钢的退火和正火

(一) 退火

退火是将钢加热、保温,然后随炉使其缓慢冷却的热处理工艺。由于退火的具体目的不同,其具体工艺方法有多种,常用的方法如下。

(1) 完全退火。它是将亚共析钢加热到 Ac_3 以上 30～50℃,保温后缓慢冷却(图 8-26 中 v_1),以获得接近平衡状态组织。完全退火主要用于铸钢件和重要锻件。铸钢件在铸态下晶粒粗大,塑性、韧性较差。锻件因锻造时变形不均匀,致使晶粒和组织不均,且存在内应力。完全退火还可降低硬度,改善切削加工性。

完全退火的原理:钢件被加热到 Ac_3 以上时,呈完全奥氏体化状态,由于初始形成的奥氏体晶粒非常细小,缓慢冷却时,通过"重结晶"使钢件获得细小晶粒,并消除了内应力。必须指出,应严格控制加热温度,防止温度过高,否则奥氏体晶粒将急剧长大。

(2) 球化退火。主要用于过共析钢件。过共析钢经过锻造以后,其珠光体晶粒粗大,且存在少量二次渗碳体,致使钢的硬度高、脆性大,进行切削加工时易磨损刀具,且淬火时容易产生裂纹和变形。

球化退火时,将钢加热到 Ac_1 以上 20～30℃。此时,初始形成的奥氏体内及其晶界上尚有少量未完全溶解的渗碳体,在随后的冷却过程中,奥氏体经共析反应析出的渗碳体便以未溶渗碳体为核心,呈球状析出,分布在铁素体基体之上,这种组织称为"球化体"。它是人们对淬火前过共析钢最期望的组织。车削片状珠光体时容易磨损刀具,而球化体的硬度低,节省刀具。必须指出,对二次渗碳体呈严重网状的过共析钢,在球化退火前应先进行正火,以打碎渗碳体网。

(3) 去应力退火。它是将钢加热到 500～650℃,保温后缓慢冷却。由于加热温度低于临界温度,因而钢未发生组织转变。去应力退火主要用于部分铸件、锻件及焊接件,有时也用于精密零件的切削加工,使其通过原子扩散及塑性变形消除内应力,防止钢件产生变形。

(二) 正火

正火是将钢加热到 Ac_3 以上 30～50℃(亚共析钢)或 Ac_{cm} 以上 30～50℃(过共析钢),保温后在空气中冷却的热处理工艺。

正火和完全退火的作用相似,也是将钢加热到奥氏体区,使钢进行重结晶,从而解决铸钢件、锻件的粗大晶粒和组织不均问题。但正火比退火的冷却速度稍快,形成了索氏体组织(图 8-26 中 v_2)。索氏体比珠光体的强度、硬度稍高,但韧性并未下降。正火主要用于:

(1) 取代部分完全退火。正火是在炉外冷却,占用设备时间短,生产率高,故应尽量用正火取代退火(如低碳钢和含碳量较低的中碳钢)。必须看到,含碳量较高的钢,正火后硬度过高,使切削加工性变差,且正火难以消除内应力。因此,中碳合金钢、高碳钢及复杂件仍以退火为宜。

(2) 用于普通结构件的最终热处理。

(3) 用于过共析钢,以减少或消除二次渗碳体呈网状析出。

图 8-27 为几种退火和正火的加热温度范围示意图。

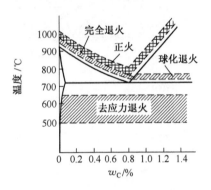

图 8-27 几种退火和正火的加热温度范围

三、淬火和回火

淬火和回火是强化钢最常用的工艺。通过淬火,再配以不同温度的回火,可使钢获得所需的力学性能。

(一) 淬火

淬火是将钢加热到 Ac_3 或 Ac_1 以上 $30\sim50℃$(图 8-28),保温后在淬火介质中快速冷却(图 8-26 中 v_3),以获得马氏体组织的热处理工艺。

由于马氏体形成过程伴随着体积膨胀,造成淬火件产生了内应力,而马氏体组织通常脆性又较大,这些都使钢件淬火时容易产生裂纹或变形。为防止上述淬火缺陷的产生,除应选用适合的钢材和正确的结构外,在工艺上还应采取如下措施:

(1) 严格控制淬火加热温度。对于亚共析钢,若淬火加热温度不足,因未能完全形成奥氏体,致使淬火后的组织中除马氏体外,还残存少量铁素体,使钢的硬度不足;若加热温度过高,因奥氏体晶粒长大,淬火后的马氏体组织也粗大,增加了钢的脆性,致使钢件裂纹和变形的倾向加大。对于过共析钢,若超过图 8-28 所示温度,不仅钢的硬度并未增加,而且裂纹、变形倾向加大。

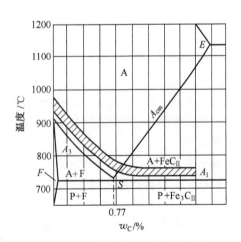

图 8-28 碳钢的淬火加热温度范围

(2) 合理选择淬火介质,使其冷却速度略大于图 8-26 中的临界冷却速度 v_K。淬火时钢的快速冷却是依靠淬火介质来实现的。水和油是最常用的淬火介质。水的冷却速度大,使钢件易于获得马氏体,主要用于碳素钢;油的冷却速度比水低,用它淬火钢件的裂纹、变形倾向小。合金钢因淬透性较好,在油中淬火为宜。

(3) 正确选择淬火方法。生产中最常用的是单介质淬火法,它是在一种淬火介质中连续冷却到室温。由于操作简单,便于实现机械化和自动化生产,故应用最广。对于容易产生裂纹、变形的钢件,有时采用先水后油双介质淬火法或分级淬火等其他淬火法。

(二) 回火

将淬火的钢重新加热到 A_1 以下某温度,保温后冷却到室温的热处理工艺,称为回火。回火的主要目的是消除淬火内应力,以降低钢的脆性,防止产生裂纹,同时也使钢获得所需的力学性能。

淬火所形成的马氏体是在快速冷却条件下被强制形成的不稳定组织,因而具有重新转变成稳定组织的自发趋势。回火时,由于被重新加热,原子活动能力加强,所以随着温度的升高,马氏体中过饱和碳将以碳化物的形式析出。总的趋势是回火温度越高、析出的碳化物越多,钢的强度、硬度下降,而塑性、韧性升高。

根据回火温度的不同(参见 GB/T 7232—1999),可将钢的回火分为如下三种:

(1) 低温回火(150～250℃),目的是降低淬火钢的内应力和脆性,但基本保持淬火所获得的高硬度(56～64HRC)和高耐磨性。淬火后低温回火用途最广,如各种刀具、模具、滚动轴承和耐磨件等。

(2) 中温回火(350～500℃),目的是使钢获得高弹性,保持较高硬度(35～45HRC)和一定的韧性。中温回火主要用于弹簧、发条、锻模等。

(3) 高温回火(500～650℃以上),淬火并高温回火的复合热处理工艺称为调质处理。它广泛用于承受循环应力的中碳钢重要件,如连杆、曲轴、主轴、齿轮、重要螺钉等。调质后的硬度为 20～35HRC。这是由于调质处理后其渗碳体呈细粒状,与正火后的片状渗碳体组织相比,在载荷作用下不易产生应力集中,从而使钢的韧性显著提高,因此经调质处理的钢可获得强度及韧性都较好的综合力学性能。

四、表面淬火和化学热处理

表面淬火和化学热处理都是为了改变钢件表面的组织和性能,仅对其表面进行热处理的工艺。

(一) 表面淬火

表面淬火是通过快速加热,使钢的表层很快达到淬火温度,在热量来不及传到钢件心部时就立即淬火,从而使表层获得马氏体组织,而心部仍保持原始组织。表面淬火的目的是使钢件表层获得高硬度和高耐磨性,而心部仍保持原有的良好韧性,常用于机床主轴、发动机曲轴、齿轮等。

表面淬火所采用的快速加热方法有多种,如电感应、火焰、电接触、激光等,目前应用最广泛的是电感应加热法。

电感应加热表面淬火法是在一个感应线圈中通以一定频率的交流电(有高频、中频、工频三种),使感应线圈周围产生频率相同、方向相反的感应电流,这个电流称为涡流。由于集肤效应,涡流主要集中在钢件表层。由涡流所产生的电阻热使钢件表层被迅速加热到淬火温度,随即向钢件喷水,将钢件表层淬硬。

感应电流的频率越高,集肤效应越强烈,故高频感应加热法用途最广。高频感应加热常用的频率为 200～300kHz,此频率加热速度极快,通常只有几秒钟,淬硬层深度一般为 0.5～2mm,主要用于要求淬硬层较薄的中、小型零件。

感应加热表面淬火质量好,加热温度和淬硬层深度较易控制,易于实现机械化和自动化生产。缺点是设备昂贵、需要专门的感应线圈。因此,主要用于成批或大量生产的轴、齿轮等零件。

(二) 化学热处理

化学热处理是将钢件置于适合的化学介质中加热和保温,使介质中的活性原子渗入钢件表层,以改变钢件表层的化学成分和组织,从而获得所需的力学性能和理化性能。化学热处理的种类很多,依照渗入元素的不同,有渗碳、渗氮、碳氮共渗等,以适应不同的场合,其中以渗碳应用最广。

渗碳是将钢件置于渗碳介质中加热、保温,使分解出来的活性炭原子渗入钢的表层。渗碳是采用密闭的渗碳炉,并向炉内通入气体渗碳剂(如煤油),加热到 900～950℃,经较长时间的保温,使钢件表层增碳。渗碳件通常采用低碳钢或低碳合金钢,渗碳后渗层深一般为 0.5～2mm,表层含碳量 w_C 将增至 1% 左右,经淬火和低温回火后,表层硬度达 56～64HRC,因此耐磨。而心部因仍是低碳钢,所以保持了良好的塑性和韧性。渗碳主要用于既承受强烈摩擦,又承受冲击或循环应力的钢件,如汽车变速箱齿轮、活塞销、凸轮、自行车和缝纫机的零件等。

渗氮又称氮化。它是将钢件置于氮化炉内加热,并通入氨气,使氨气分解出活性氮原子渗入钢件表层,形成氮化物(如 AlN、CrN、MoN 等),从而使钢件表层具有高硬度(相当于 72HRC)、高耐磨性、高抗疲劳性和高耐腐蚀性。渗氮时加热温度仅为 550～570℃,钢件变形甚小。渗氮的缺点是生产周期长,需采用专用的中碳合金钢,成本高。渗氮主要用于制造耐磨性和尺寸精度要求均高的零件,如排气阀、精密机床丝杠、齿轮等。

第四节 工 业 用 钢

一、碳素钢

碳素钢即"非合金钢",简称碳钢。

(一) 化学成分对碳钢性能的影响

碳素钢的含碳量在 1.5% 以下,除碳之外,还含有硅、锰、磷、硫等杂质。

碳对钢的组织和性能影响很大。图 8-29 所示为含碳量 w_C 对退火状态钢力学性能 (HBS)的影响。由图可见,亚共析钢随含碳量的增加,珠光体增多,铁素体减少,因而钢的强度 σ_b、硬度 HBS 上升,而塑性、韧性下降。含碳量 w_C 超过共析成分时,因出现网状二次渗碳体,随着含碳量 w_C 的增加,尽管硬度 HBS 直线上升,但由于脆性加大,强度 σ_b 反而下降。

钢中杂质含量对其性能也有一定影响。磷和硫是钢中的有害杂质。磷可使钢的塑性、韧性下降,特别是在低温时脆性急剧增加,这种现象称为冷脆性。硫在钢的晶界处可形成低熔点的共晶体,致使含硫较高的钢在高温下进行热加工时容易产生裂纹,这种现象称为热脆性。由于磷、硫的有害作用,必须严格限制钢中的磷、硫含量,并以磷、硫含量的高低作为衡量钢的质量的重要依据。

硅和锰是炼钢后期作为脱氧剂加入钢液中残存的。硅和锰可提高钢的强度和硬度,锰还

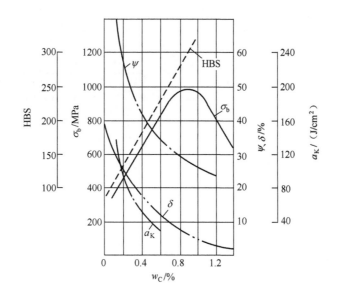

图 8-29 碳对钢的力学性能的影响

能与硫形成 MnS,从而抵消硫的部分有害作用。显然,它们都是钢中的有益元素。

(二) 碳素钢的牌号和用途

碳素钢通常分为如下三类:

(1) 普通碳素结构钢。普通碳素结构钢的含碳量以 $w_C<0.25\%$ 最为常用,即以低碳钢为主。这类钢在使用中一般不进行热处理。尽管其硫、磷含量较高,但性能上仍能满足一般工程结构及一些机件的使用要求,且价格低廉,因此在国民经济各个部门得到了广泛应用,其产量约占钢总产量的 70%～80%。

依据 GB/T 700—2006,普通碳素结构钢的牌号以代表屈服点的"屈"字汉语拼音首字母 Q 和后面三位数字来表示,每个牌号中的数字表示该钢种厚度小于 16mm 时的最低屈服强度(MPa)。在钢号尾部可用 A、B、C、D 表示钢的质量等级,其中 A、B 为普通级别,C、D 为磷、硫低的优等级别,可用于较重要的焊接结构。在牌号的最后还可用符号标志其冶炼时的脱氧程度,对未完全脱氧的沸腾钢标以符号"F",半镇静钢标以符号"B",对已完全脱氧的镇静钢标以符号"Z"或不标符号。表 8-5 所列为部分碳素结构钢的牌号、化学成分、力学性能和用途举例。

(2) 优质碳素结构钢。其硫、磷含量较低(<0.035%),供货时既保证化学成分,又保证力学性能,主要用于制造机器零件。

依据 GB/T 699—1999,优质碳素结构钢的牌号用两位数字表示,这两位数字即是钢中平均含碳量的万分数。例如,20 钢表示平均含碳为 0.20% 的优质碳素结构钢。这类钢一般均为镇静钢。若为半镇静钢、沸腾钢或专门用途钢,则在牌号尾部增加符号表示。

08、10、15、20 等牌号属于低碳钢。其塑性优良,易于拉拔、冲压、挤压、锻造和焊接。其中 20 钢用途最广,常用于制造螺钉、螺母、垫圈、小轴、焊接件,有时也用于渗碳件。

表 8-5 碳素结构钢的牌号、化学成分、力学性能和用途举例

牌号	等级	化学成分 w/%					力学性能			用途举例
		C	Mn	Si	S	P	σ_s /MPa	σ_b /MPa	δ_s /%	
				不大于						
Q215	A	0.090~0.15	0.25~0.55	0.30	0.050	0.045	≥215	335~410	≥31	塑性好通常轧制成薄板、钢管、型材制造钢结构,也用于制作铆钉、螺钉、冲压件、开口销等
	B				0.045					
Q235	A	0.14~0.22	0.30~0.65	0.30	0.050	0.045	≥235	375~460	≥26	强度较高,塑性也较好,常轧制成各种型钢、钢管、钢筋等制成各种钢构件、冲压件、焊接件及不重要的轴类、螺钉、螺母等
	B	0.12~0.20	0.30~0.70		0.045					
	C	≤0.18	0.35~0.80		0.040	0.040				
	D	≤0.17			0.035	0.035				
Q255	A	0.18~0.28	0.40~0.70	0.30	0.050	0.045	≥255	410~510	≥24	强度更高,用做键、轴、销、齿轮、拉杆、连杆、销钉等
	B				0.045					

注:1. 摘自 GB/T 700—2006;
2. Q235C、Q255A、Q255B 均为镇静钢,Q235D 为特殊镇静钢,其余脱氧方法不限制。

40、45 等牌号属于中碳钢。因钢中珠光体含量增多,其强度、硬度有所提高,而淬火后的硬度提高尤为明显。其中以 45 钢最为典型,它的强度、硬度、塑性、韧性均较适中,即综合性能优良。45 钢常用来制造主轴、丝杠、齿轮、连杆、蜗轮、套筒、键和重要螺钉等。

60、65 等牌号属于高碳钢。它们经过淬火、回火后,不仅强度、硬度显著提高,且弹性优良,常用于制造小弹簧、发条、钢丝绳、轧辊、凸轮等。

(3) 碳素工具钢。碳素工具钢的含碳量高达 0.7%~1.3%,淬火、回火后有高的硬度和耐磨性,常用于制造锻工、钳工工具和小型模具。

碳素工具钢较合金工具钢价格便宜,但淬透性和热硬性差。由于淬透性差,只能在水类淬火介质中才能淬硬,且零件不宜过大和复杂。因热硬性差,淬火后零件的工作温度应低于 250℃,否则硬度将迅速下降。

依据国家标准 GB/T 1298—1986,碳素工具钢的牌号以符号"T"("碳"的汉语拼音首字母)开始,其后面的一位或两位数字表示钢中平均含碳量的千分数。碳素工具钢一般均为优质钢。对于硫、磷含量更低的高级优质碳素工具钢,则在数字后面增加"A"表示,例如 T10A 表示平均含碳量为 1.0% 的高级优质碳素工具钢。表 8-6 为几种碳素工具的牌号、化学成分、热处理及用途举例。

二、低合金钢

合金钢是为了改善钢的某些性能,在碳素钢的基础上加入某些合金元素所炼成的钢。如果钢中的含硅量大于 0.5%,或者含锰量大于 1.0%,也属于合金钢。

低合金钢是指合金总含量较低(小于 5%)、含碳量也较低的合金结构钢。这类钢通常在退火或正火状态下使用,成形后不再进行淬火、调质等热处理。与含碳量相同的碳素钢相比,具有较高的强度、塑性、韧性和耐蚀性,且大多具有良好的焊接性,广泛用于制造桥梁、汽车、铁

表 8-6 几种碳素工具钢的牌号、化学成分、
热处理及用途举例(摘自 GB/T 1298—1986)

牌号	化学成分 w/%					淬火温度 /℃	回火温度 /℃	用途举例
	C	Mn	Si	S	P			
				不大于				
T8	0.75~0.84	≤0.40	0.35	0.030	0.035	780~800	180~200	冲头、錾子、锻工工具、木工工具、台虎钳钳口等
T10	0.95~1.04	≤0.40	0.35	0.030	0.035	760~780	180~200	硬度较高,但仍要求一定韧性的工具,如手锯条、小冲模、丝锥、板牙等
T10A	0.95~1.04	≤0.40	0.35	0.020	0.030	760~780	180~200	
T12	1.15~1.24	≤0.40	0.35	0.030	0.035	760~780	180~200	适用于不受冲击的耐磨工具,如钢锉、刮刀、绞刀等

道、船舶、锅炉、高压容器、油缸、输油管、钢筋、矿用设备等。依照 GB/T 13304—1991,低合金钢可分类如下:

(1) 可焊接低合金高强钢。包括一般用途低合金结构钢;锅炉和压力容器用低合金钢、造船用低合金钢、汽车用低合金钢、桥梁用低合金钢、自行车用低合金钢、舰船和兵器用低合金钢、核能用低合金钢等。

(2) 低合金耐候钢。

(3) 低合金钢筋钢。

(4) 铁道用低合金钢。

(5) 矿用低合金钢。

可焊接低合金高强钢(简称低合金高强钢)应用最为广泛。它的含碳量低于 0.2%,并以锰为主要合金元素(0.8%~1.8%Mn),有时还加入少量的 Ti、V、Nb、Cr、Ni、RE 等,通过"固溶强化"和"细化晶粒"等作用,使钢的强度、韧性提高,但仍能保持优良的焊接性能。例如,原 16Mn 钢的 σ_s 约为 345MPa,而普通碳素结构钢 Q235 的 σ_s 约为 235MPa。因此,用低合金高强钢代替碳素结构钢,就可在相同载荷条件下,使构件减重 20%~30%,从而节省钢材、降低成本。

低合金高强钢的牌号表示方法与普通碳素结构钢相同,即以字母"Q"开始,后面以三位数字表示其最低屈服点,最后以符号表示其质量等级。如 Q345A 表示屈服强度不小于 345MPa 的 A 级低合金高强钢。表 8-7 所列为一般用途的低合金高强钢的牌号、化学成分、力学性能和用途举例。

三、合金钢

当钢中合金元素超过低合金钢的限度时,即为合金钢。参见 GB/T 13304—1991 中的表1《非合金钢、低合金钢和合金钢合金元素规定含量界限值》。合金钢不仅合金元素含量高,且严格控制了硫、磷等有害杂质的含量,属于优质钢或高级优质钢。

(一) 合金结构钢

它是指常用于制造机器零件用的合金钢。常采用的合金元素为 Mn、Cr、Si、Ni、W、V、Ti、

B 等,这些元素可增加钢的淬透性,并使晶粒细化,这样可使大截面零件经调质处理后,在整个截面上获得强、韧结合的力学性能。同时,因淬透性的提高,可采用冷却烈度较小的油类来淬火,从而减少淬火时的裂纹和变形倾向。

表 8-7 低合金高强钢的牌号、化学成分、力学性能和用途举例(摘自 GB/T 1591—1994)

牌号	相应旧牌号举例	化学成分 $w/\%$					力学性能		用途举例
		C	Mn	V	Nb	Ti	其他	σ_s /MPa	δ_5 /%	
Q295	09Mn2 09MnV	≤0.16	0.80~1.50	0.02~0.15	0.015~0.06	0.02~0.20	—	≥295	23	低压容器、输油管道、车辆等
Q345	16Mn 12MnV	≤0.20	1.00~1.60	0.02~0.15	0.015 0.06	0.02~0.20	—	≥345	21~22	桥梁、船舶、压力容器、车辆等
Q390	15MnV 15MnTi	≤0.20	1.00~1.60	0.02~0.20	0.015~0.06	0.02~0.20	Cr≤0.30 Ni≤0.70	≥390	19~20	桥梁、船舶、起重机、压力容器等
Q420	15MVN	≤0.20	1.00~1.70	0.02~0.20	0.015~0.06	0.02~0.20	Cr≤0.40 Ni≤0.70	≥420	18~19	高压容器、船舶、桥梁、锅炉等

注:1. 钢的质量等级:Q295 分 A、B 两级;Q345、Q390 和 Q420 分 A、B、C、D、E 五级;
2. 钢的含硅量≤0.55%;Q345D、E 级含碳量≤0.18%;
3. 新旧标准牌号对照参见 GB/T 1591—1994 中的表 1.5-5。

低碳合金结构钢用于渗碳件,中碳合金结构钢用于调质件和渗氮件,高碳合金结构钢用于制造较大的弹簧。

合金结构钢的牌号通常以"数字+元素符号+数字"来表示。牌号中开始的两位数字表示钢的平均含碳量的万分数,元素符号及其后的数字表示所含合金元素及其平均含量的百分数。当合金元素含量小于 1.5% 时,则不标其含量。高级优质合金钢则在牌号尾部增加符号"A"。滚动轴承钢的牌号表示方法与前述不同,它是在牌号前面加符号"G"表示"滚动轴承钢",而合金元素含量用千分数表示。

(二) 合金工具钢

合金工具钢主要用于制造刀具、量具、模具等,含碳量甚高。其合金元素的主要作用是提高钢的淬透性、耐磨性及热硬性。加入合金元素 Si、Cr、Mn 等可提高钢的淬透性;加入 W、Mo、V 可形成特殊碳化物,提高钢的热硬性和耐磨性。

与碳素钢相比,合金工具钢适合制造形状复杂、尺寸较大、切削速度较高或工作温度较高的工具和模具。如高速工具钢含有大量的 W、Mo、V、Cr 等元素,用这种钢制成的钻头、铰刀或拉刀,在切削温度高达 600℃ 时仍能保持高硬度,故可采用较高的切削速度进行切削。

合金工具钢分为量具、刃具用钢,耐冲击工具用钢,冷作模具钢,热作模具钢等。它的牌号与合金结构钢相似,不同的是以一位数字表示平均含碳量的千分数,若含碳量超过 1%,则不标出。例外的是,高速钢的含碳量尽管未超过 1%,牌号中也不标出。

(三) 特殊性能钢

这类钢包括不锈钢,耐磨钢,耐蚀钢及具有软磁、永磁、无磁等特殊物理、化学性能的钢。

其中,不锈钢在石油、化工、食品、医药等工业及日用品、装饰材料中应用广泛。

表8-8为几种合金钢的化学成分、热处理及用途举例。

表8-8 几种合金钢的化学成分、热处理及用途举例

类别	牌号	化学成分 w/%							热处理及硬度	用途举例
		C	Mn	Si	Cr	V	Ti	其他		
合金结构钢	20Cr	0.18~0.24	0.50~0.80	0.17~0.37	0.70~1.00				渗碳、淬油、低温回火	小齿轮、活塞销、齿轮轴、蜗杆等
	20CrMnTi	0.17~0.23	0.80~1.10	0.17~0.37	1.00~1.80		0.06~0.12		渗碳、淬油、低温回火	汽车、拖拉机变速箱齿轮、爪形离合器等
	40Cr	0.37~0.44	0.50~0.80	0.17~0.37	0.80~1.10				调质处理:207HBS(有时还进行表面淬火)	轴、齿轮、连杆、螺栓、蜗杆等
	40MnVB	0.37~0.44	1.10~1.40	0.17~0.37		0.05~0.10		B:0.0005~0.0035	调质处理:207HBS(有时还进行表面淬火)	代替40Cr作转向节、半轴、花键轴等
	60Si2Mn	0.56~0.64	0.60~0.90	1.50~2.00					淬油、中温回火	机车板簧、测力弹簧
合金工具钢	9SiCr	0.85~0.95	0.30~0.60	1.20~1.60	0.95~1.25				淬油、低温回火 60~62HRC	板牙、丝锥、铰刀、搓丝板、冷冲模等
	CrWMn	0.90~1.05	0.80~1.10	≤0.40	0.90~1.20			W:1.20~1.60	淬油、低温回火>62HRC	板牙、丝锥、量具、冷冲模
	W18Cr4V	0.70~0.80	≤0.4	≤0.4	3.80~4.40	1.00~1.40		W:17.5~19.0 Mo≤0.30	淬油、三次回火>63HRC	钻头、铣刀、拉刀
特殊性能钢	3Cr13	0.26~0.40	≤1.00	≤1.00	12.00~14.00				980℃淬油,600~750℃回火后快冷:55HRC	耐蚀、耐磨工具,医疗工具,滚动轴承
	1Cr18Ni9	≤0.15	≤2.00	≤1.00	17.00~19.00			Ni:8.00~10.00	1010~1150℃快冷≤187HBS	硝酸、化工、化肥等工业设备零件
	ZGMn13	0.90~1.40	10.00~15.00						1050~1100℃淬水	破碎机齿板,坦克、拖拉机履带板

第五节 铸　　铁

一、铸铁的成分及性能特点

铸铁的使用量仅次于钢。工业上常用铸铁的成分范围：C 为 2.5%～4.0%，Si 为 1.0%～3.0%，Mn 为 0.5%～1.4%，S 为 0.02%～0.20%，P 为 0.01%～0.05%。除此以外，有时还含有一定量的合金元素，如 Cr、V、Cu、Al 等。可见，在成分上铸铁与钢的主要不同是铸铁含碳量和含硅量较高，杂质元素硫、磷较多。

虽然铸铁的强度、塑性和韧性较差，不能进行锻造，但它却具有一系列优良的性能，如良好的铸造性、减摩性和切削加工性等，同时它的生产设备和工艺简单，价格低廉；在力学性能方面，硬度和抗压强度与钢差不多，但它却有很优异的消振性能和好的耐磨性能。因此，国外早在 20 世纪 30 年代就使用了孕育铸铁曲轴，20 世纪 50 年代开始应用球墨铸铁，70 年代初代替了中碳钢的连杆，80 年代初用奥氏体－贝氏体球墨铸铁代替了传统的渗碳钢生产汽车后桥齿轮。

铸铁之所以具有一系列优良的性能，除了因为它的含碳量和含硅量较高，接近共晶合金成分，使得它的熔点低、流动性好以外，还因为它的含碳量和含硅量较高，使得其中的碳大部分不再以化合状态（Fe_3C）存在，而是以游离的石墨状态存在。铸铁组织的一个特点就是其中含有石墨，而石墨本身具有润滑作用，因此铸铁具有良好的减摩性和切削加工性。

二、铸铁的分类

根据铸铁在结晶过程中的石墨化程度不同，可将铸铁分为如下三类：

（1）灰铸铁。断口为灰黑色，工业上所用的铸铁几乎全部属于这类铸铁。这类铸铁又可分为三种不同基体组织的灰铸铁，即铁素体、铁素体＋珠光体和珠光体灰铸铁。

（2）白口铸铁。按照 $Fe-Fe_3C$ 相图进行结晶而得到的铸铁。这类铸铁组织中的碳全部呈化合碳的状态，形成渗碳体，并且有莱氏体的组织，其断口白亮，性能硬脆，故在工业上很少应用，主要作为炼钢原料。

（3）麻口铸铁。组织介于白口铸铁与灰铸铁之间，含有程度不同的莱氏体，也具有较大的硬脆性，工业上也很少应用。

根据铸铁中石墨结晶形态的不同，铸铁又可分为如下三类：

（1）灰铸铁。灰铸铁组织中的石墨形态呈片状结晶，这类铸铁的力学性能不太高，但生产工艺简单，价格低廉，故在工业上应用最为广泛。灰铸铁的组织特点是具有片状的石墨，其基体组织则分三种类型：铁素体、铁素体＋珠光体和珠光体（图 8-30），灰铸铁的牌号、性能及其应用见表 8-9。

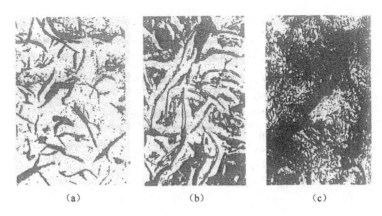

图 8-30 灰铸铁的显微组织(200倍)
(a)铁素体;(b)铁素体+珠光体;(c)珠光体。

表 8-9 灰铸铁的牌号、性能及其应用(GB/T 9439—1988)

牌号	铸件厚/mm <	铸件厚/mm 至	抗拉强度 σ_b/MPa	硬度/HBS	显微组织 基体	显微组织 石墨	应用
HT100	2.5	10	130	≤170	F+P	粗片	盖、外罩、油盘、手轮、手把、支架、底板、底座、立柱、机床底座、强度要求不高的零件
	10	20	100				
	20	30	90				
	30	50	80				
HT150	2.5	10	175	150~200	F+P	较粗片状	端盖、汽轮机体、轴承座、阀体、管子及管路附件、手轮;一般机床底座、床身及其他复杂零件、滑座、工作台等
	10	20	145				
	20	30	130				
	30	50	120				
HT200	2.5	10	220	170~220	P	中等片状	汽缸、齿轮、底架、机体、飞轮、齿条、衬筒;一般机床床身及中等压力(8MPa以下)液压筒、液压泵和阀的壳体
	10	20	195				
	20	30	170				
	30	50	160				
HT250	4.0	10	270	190~240	细珠光体	较细片状	阀体、液压缸、汽缸、机体、齿轮、齿轮箱外壳、飞轮、衬筒、凸轮、轴承座等
	10	20	240				
	20	30	220				
	30	50	200				
HT300	10	20	290	210~260	索氏体或屈氏体	细小片状	齿轮、凸轮、车床卡盘、剪床、压力机床身;自动车床及其他重负荷机床床身;高压液压筒、液压泵和滑阀的壳体等
	20	30	250				
	30	50	230				
HT350	10	20	340	230~280			
	20	30	290				
	30	50	260				

(2)可锻铸铁。可锻铸铁组织中的石墨形态呈团絮状,其力学性能(特别是冲击韧性)较普通灰铸铁高,但其生产工艺冗长,成本高,故只用来制造一些重要的小型铸件。可锻铸铁是由白口铸铁在固态下经长时间石墨化退火而得到的具有团絮状石墨的一种铸铁。铸铁中的石

墨是在退火过程中通过渗碳体的分解($Fe_3C \rightarrow 3Fe+C$)而形成,因其条件不同,故形态也不同。在退火过程中,随着共析反应时的冷却速度不同,可锻铸铁的基本组织可分为铁素体和珠光体两种(图8-31)。由于可锻铸铁中的石墨呈团絮状,大大减轻了石墨对基体金属的割裂作用,因此它不但比灰铸铁具有较高的强度,并且还具有较高的塑性和韧性,其伸长率可达12%。但可锻铸铁并不是真正可以锻造的。汽车、拖拉机的前后桥壳、减速器、转向节壳等薄壁零件都是由可锻铸铁制造的。可锻铸铁的性能、牌号及应用如表8-10所列。

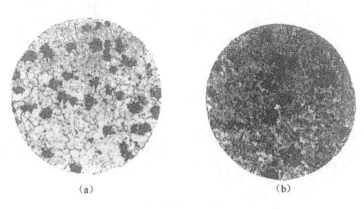

图8-31 可锻铸铁的显微组织(200倍)
(a)铁素体;(b)珠光体。

表8-10 可锻铸铁的性能、牌号及应用(GB 9440—88)

分类	牌号	试样直径/mm	力学性能 σ_b/MPa	力学性能 $\sigma_{0.2}$/MPa	力学性能 δ/%	硬度/HBS	应用举例
			不大于				
黑芯可锻铸铁	KTH300-06	12或15	300		6	≤150	弯头、三通等管件
	KTH330-08		330		8		螺丝扳手、犁铧、犁柱、车轮壳等
	KTH350-10		350	200	10		汽车、拖拉机前后轮壳、减速器壳、转向节壳等
	KTH370-12		370		12		
珠光体可锻铸铁	KTZ450-06		450	270	6	150~200	曲轴、凸轮轴、连杆、齿轮、活塞环、轴套、耙片、万向接头、扳手、传动链条
	KTZ550-04		550	340	4	180~230	
	KTZ650-02		650	430	2	210~260	
	KTZ700-02		700	530	2	240~290	

(3) 球墨铸铁。球墨铸铁组织中的石墨形态呈球状,这种铸铁不仅力学性能较高,生产工艺远比可锻铸铁简单,并且可通过热处理进一步提高强度。近年来球墨铸铁得到广泛的应用,在一定条件下可代替某些碳钢和合金钢制造各种重要的铸件,如曲轴、齿轮等。球墨铸铁是20世纪50年代发展起来的一种铸铁材料,通过在浇注前向铁水中加入一定量的球化剂进行

球化处理,并加入少量的孕育剂以促进石墨化,在浇注后可直接获得具有球状石墨结晶的铸铁,即球墨铸铁。由于球墨铸铁具有优良的力学性能、加工性能和铸造性能,生产工艺简便,成本低廉,因此得到了越来越广泛的应用。由图 8-32 可以看出球墨铸铁的组织特点,其石墨的形态比可锻铸铁更为圆整,因而对基体的强度塑性和韧性的影响更小。球墨铸铁的牌号、性能及应用如表 8-11 所列。

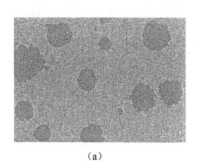
(a)

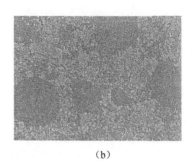
(b)

图 8-32 球墨铸铁的显微组织(200 倍)
(a) 铁素体型球墨铸铁;(b) 珠光体型球墨铸铁。

表 8-11 球墨铸铁的牌号、性能及应用(GB 1348—88)

牌 号	基体组织	力 学 性 能				应 用 举 例
		σ_b/MPa	$\sigma_{0.2}$/MPa	δ/%	硬度/HBS	
		最 小 值				
QT400-18	铁素体	400	250	18	130~180	汽车、拖拉机底盘零件;1600MPa~6400MPa 阀门的阀体和阀盖
QT400-15	铁素体	400	250	15	130~180	
QT450-10	铁素体	450	310	10	160~210	
QT500-7	铁素体+珠光体	500	320	7	170~230	机油泵齿轮
QT600-3	珠光体+铁素体	600	370	3	190~270	柴油机、汽油机曲轴、磨床、铣床、车床的主轴;空压机、冷冻机缸体、缸套等
QT700-2	珠光体	700	420	2	225~305	
QT800-2	珠光体或回火组织	800	480	2	245~335	
QT900-2	贝氏体或回火马氏体	900	600	2	280~360	汽车、拖拉机传动齿轮

复习思考题

1. 什么是应力、应变?
2. 测定某种钢的力学性能时,已知试棒的直径是 10mm,其标距长度是直径的 5 倍,$F_s=38$kN,$F_b=77$kN,拉断后的标距长度是 65mm,试求此钢的 σ_s、σ_b 及 δ 值各是多少?
3. 将钟表发条拉成一直线,这是弹性变形还是塑性变形?如何判定变形性质?
4. 在什么条件下能获得细晶粒?其实际意义怎样?
5. 什么叫铁素体、奥氏体、渗碳体、珠光体和莱氏体?其性能特点怎样?

6. 画出 Fe-Fe₃C 状态图，分析 45 钢、T12 钢由液态缓冷至室温时的结晶过程，并计算室温时组织组成物和相组成物的百分含量。

7. 比较在平衡条件下，45 钢、T8 钢、T12 钢的强度、塑性及硬度的大小。含碳量对性能的影响如何？

8. 什么叫热处理？试说明热处理的目的和基本类型。

9. 叙述共析钢在炉冷、空冷和水冷后的组织并说明它们在性能上的差异。

10. 对淬火介质有什么要求？为什么？水和油作为冷却介质各有什么优缺点？

11. 叙述常用的淬火方法及其应用。

12. 叙述常见三种回火方法所获得的组织、性能及其应用。

13. 用 0.45%C 的碳钢制造活扳手，发现硬度不足，试分析其原因。

14. 在含碳量和其他条件相同的情况下，一般而言合金钢淬火时的加热温度比碳素钢高，保温时间比碳素钢长，为什么？

15. 说明在一般情况下碳素钢用水淬、合金钢用油淬的道理。

16. 下列零件和工具，如材料错用，在使用过程中会出现哪些问题？
    (1) 把 Q235A 钢当作 45 钢制造齿轮；
    (2) 把 30 钢当作 T12 钢制造锉刀；
    (3) 把 20 钢当作 65 钢制造弹簧。

17. 某厂要制造一批盘型齿轮铣刀，要求铣刀有良好的红硬性（<600℃），高的强度韧性；齿顶的硬度 HRC60~63，心部硬度 HRC35~45。
    (1) 选择制造该齿轮铣刀合适的钢种（写出钢号），并指出钢中碳及合金元素的主要作用。
    (2) 拟定该齿轮铣刀的加工工艺过程，并指出热处理工序的主要作用。
    (3) 制定齿轮铣刀的热处理工艺方法（画出热处理工艺曲线，注明加热温度，冷却方式和介质，最终热处理的组织）。

18. 判断下列钢号的钢种及常用热处理方法：
    20CrMnTi   5CrMnMo   45   9Mn2V   60Si2Mn
    1Cr18Ni9Ti GCr15   T12   ZGMn13   W18Cr4V

19. 判断下列牌号属于何种铸铁？它们在组织及性能方面有何主要区别？
    HT200   KTH300-06   QT450-10

参 考 文 献

[1] 许音,等. 机械制造基础[M]. 北京:机械工业出版社,2000.
[2] 刘云. 工程材料应用基础[M]. 北京:国防工业出版社,2011.
[3] 刘烈元,等. 机械加工工艺基础[M]. 北京:高等教育出版社,2006.
[4] 赵一善. 机械加工工艺基础[M]. 北京:机械工业出版社,1990.
[5] 《机械制造基础》编写组. 机械制造基础[M]. 北京:人民教育出版社,1978.
[6] 陈日曜. 金属切削原理[M]. 北京:机械工业出版社,1985.
[7] 郑焕文. 机械制造工艺学[M]. 沈阳:东北工学院出版社,1988.
[8] 孙健. 机械制造工艺学[M]. 北京:机械工业出版社,1982.
[9] 黄渝敏. 工程机械制造工艺学[M]. 北京:机械工业出版社,1985.
[10] 丁殿忠. 金属工艺学课程设计[M]. 北京:机械工业出版社,1997.
[11] 任玉田,等. 机床计算机数控技术[M]. 北京:北京理工大学出版社,1996.
[12] 王润孝. 机床数控原理与系统[M]. 西安:西北工业大学出版社,1992.
[13] 邓文英,等. 金属工艺学[M]. 北京:高等教育出版社,2010.